精明增长指南

[美] 安德烈斯·杜安伊
杰夫·斯佩克　迈克·莱顿　　著
王佳文　译
周江评　审
易晓峰　校

中国建筑工业出版社

著作权合同登记图字：01-2011-1414号

图书在版编目（CIP）数据

精明增长指南／（美）安德烈斯等著，王佳文译.—北京：中国建筑
工业出版社，2013.8
ISBN 978-7-112-15465-4

Ⅰ.①精…　Ⅱ.①安…②王…　Ⅲ.①城市规划－建筑设计－研究
Ⅳ.①TU984

中国版本图书馆CIP数据核字（2013）第114198号

责任编辑：石枫华　程素荣
责任设计：陈　旭
责任校对：陈晶晶　赵　颖

精明增长指南

[美] 安德烈斯·杜安伊　杰夫·斯佩克　迈克·莱顿　著

王佳文　译　　周江评　审　　易晓峰　校

*
中国建筑工业出版社出版、发行（北京海淀三里河路9号）
各地新华书店、建筑书店经销
北京嘉泰利德公司制版
北京中科印刷有限公司
*
开本：880×1230毫米　1/32　印张：$7\frac{1}{2}$　字数：262千字
2014年1月第一版　2018年1月第二次印刷
定价：85.00元
ISBN 978-7-112-15465-4
　　　　（31317）

版权所有　翻印必究
如有印装质量问题，可寄本社退换
（邮政编码　100037）

作者简介

安德烈斯·杜安伊

FAIA（Fellow of the American Institute of Architects），美国建筑师学会资深会员

CNU，美国新城市主义大会的创始人之一（迈阿密，佛罗里达州）

杜安伊和普拉特 – 齐贝克设计公司（DPZ）的创始人

DPZ 是一个寻求结束郊区蔓延为己任的国际运动——新城市主义运动的领导者。自 1980 年开始，DPZ 已经设计了超过 300 个新城镇、区域规划和社区复兴项目。杜安伊也是新城市主义大会的联合创始人之一，多次获得荣誉博士学位和奖励，其中包括国家建筑博物馆的文森特·斯库利奖（Vincent J. Scully）和理查德·德瑞豪斯奖（Richard H. Driehaus）。他和伊丽莎白·普拉特 – 齐贝克、杰夫·斯佩克一起，合著了《郊区国家：蔓延的兴起和美国梦的衰落》一书。

杰夫·斯佩克

AICP（American Institute of Certified Planners），美国注册规划师学会会员

LEED–AP（LEED Accreditation Professional），美国绿色建筑协会认证专家

Hon. ASLA（American Society of Landscape Architects），美国景观建筑学会荣誉会员（华盛顿特区）

作为城镇规划部门的负责人，他在 DPZ 工作了 10 年，领导了超过 40 个项目。在出版了《郊区国家》之后，他被指定为国家艺术基金会的设计总监。在那里，他创建了社区设计州长学会，这是一个将精明增长的技术方法引入州级领导层的计划。在基金会工作四年后，他创建了一个服务于政府和房地产业的设计咨询顾问公司——斯佩克及合伙人事务所。他也是大都市杂志（Metropolis）的特约撰稿人。

迈克·莱顿

CNU，美国新城市主义大会成员（纽约，纽约州）。

他是一位城市规划师、作家和"可居住的街道"活动的活跃人士。在创建一家专长于可选择性交通和公共空间的城市规划公司（街道规划协作设计公司）之前，他曾经在 DPZ、"马萨诸塞自行车联合会"和"佛蒙特精明增长"等机构工作。现在他是一名"下一代美国城市先锋"组织成员，他也是迈阿密自行车联合会的理事会成员。

中文版前言

"精明增长"是一项涵盖了多个层面的城市发展综合策略，将城市发展融入到区域生态体系和人与社会和谐发展的目标中。通过倡导土地混合使用，保护开敞空间、农田和自然景观以及重要的环境区域，采取多种选择的交通方式，强化公众参与等措施，来建设能满足各种收入水平人群的高质量住宅，适合步行的和具有自身特色、极具场所感与吸引力的社区。精明增长运动 1997 年由美国马里兰州前州长格伦顿宁提出，并获得美国前副总统戈尔的支持。

精明增长运动和新城市主义运动，分别从城市管理和规划设计两个不同的角度切入，但随着理论探索和实践丰富，最后逐步殊途同归，在思想上、理论上、实践上相互衔接，逐步合二为一，成为美国城市规划领域近年来最有影响的规划思潮。

中国当前正处于快速城镇化时期，经济快速发展和汽车快速普及使得中国城市初步具有了郊区化蔓延的条件，而我国国情决定了未来我国城乡区域发展应当更注重可持续性，采取集约化、生态化、个性化的城镇发展模式，在这个转型过程中亟需各方面相关理论和实践的指导。

近年来，为避免中国走向郊区化这一高成本低效益的城市发展模式，许多城市管理者、城市研究者和城市规划师纷纷将美国 20 世纪 60~80 年代以来的郊区化后果，以及反思郊区化负面影响而产生的精明增长运动和新城市主义运动介绍到中国，希望在中国城镇化的过程中能够避免美国的郊区化发展模式，探索一条具有中国特色的低碳、绿色的中国模式。在这个过程中，精明增长运动具有一定的思想启迪和实践借鉴作用。

《精明增长指南》一书通过 148 条规划设计原则条目，系统地介绍了精明增长运动的理论及其实践应用方法。这 148 条原则分为 4 个空间层次（区域、邻里、街道、建筑）、14 个方面，每一条原则均以一段文字详细解释，并配以一幅图片简单示意。有些图片反映了没有遵循此原则出现的问题，有些图片则展示了怎样在规划设计中去实施这一原则。所有这 148 条原则都是精明增长运动和新城市主义运动在长期的规划设计实践中得出来的，涵盖了从区域到邻里、街道、建筑等人居环境的多个层面，具有很强的针对性和指导性。

　　本书看似单薄，但内容丰富，是精明增长领域理论与实践相结合的总结性著作。希望本书能够将精明增长运动和新城市主义运动介绍得更为清晰，对我国当前的规划设计实践起到借鉴的作用。

目　　录

导言

区域

街道

建筑

目录

附录

导　言

为什么需要这本指南?

对那些希望将精明增长引入规划实践，或想要评估那些声称采用精明增长实践的人们，本书希望能够成为一个核心的参考资料。尽管在这个领域有很多好的出版物，但是我们还没有发现任何一本单一的、想要实现这一目标的出版物。我们冒昧地宣称这一点，并且也期待着有像这一努力的支持者同样多的批评者。但这一话题太重要了，以至于不能留给那些在建设新场所和修复旧场所方面缺乏经验的人。

有些人会发现本书篇幅太少了，本书的目标不是为了给良好开发实践的所有方面编个目录，而是要强调那些值得注意的内容。这就解释了为什么这本书只是一本小册子，而不是一部多卷的百科全书。本书中的大部分条目得益于比较长期的讨论并加以改进而不是一成不变。每一个条目的短时间论证——这可能会轻视某些重要问题——产生于既想要宽广视角又想要严密主线的愿望，有限数量的设计理论和支持性的文献也是如此。最重要的是，这本出版物被设计得方便随手。本书采用了一种比较现实的态度写作，因为很少书人们会真正阅读，尤其是对那些忙着建造房子的人来说。我们宁愿本书因简短而被批评，而不愿因冗长而被回避。

另一方面，有一些具有艺术化倾向的人们会发现本书说得太多了。它高度的具体化是长期经验的产物，这些经验引导我们去评价已知的东西，而不是投机冒险。简单地说，我们认为那些新的场所应当按照那些现存场所的运行方式进行设计。很长时间以来人类一直在建造人居场所，其中成功和失败的经验也应当为人所知。近年来最显著的失败就是尝试用前所未有的发明去替代经过时间检验的模式。

相比而言，规划是一门技术方法而不只是一门艺术，尽管恰恰有时我们希望它反过来。就像医学或者法学一样，它的学科发展应当持续，但是必须建立在数个世纪以来知识积累的基础之上。任何一项设计都可以仅仅因为新颖就被认为是聪明的，但是它只有在显示出它能够产生积极的结果以后才能被信服。

正是为了这个原因，本指南将精明增长确立在传统混合功能邻里的基础上。为了新颖而对这种模式的抛弃，导致了当前的危机——生态、经济和社会方面的——这一危机使得精明增长运动成为必要。可能还有其他更具创造性的方法去重组我们的国家景观，它们中很多都可能是可持续性的，但是混合功能的邻里是唯一一个能够数以万次地自我证明其可持续性的方法。

邻里结构的核心重要性可以通过研究迈阿密的达德县来得出结论，该县是锤炼本指南中很多想法的熔炉。迈阿密大都市地区很早就取得了精明增长所认同的几乎所有特征：一个统一的区域政府和单一的学区，一个高架轨道系统辅以一个完备的公共交通系统和中心区自动人行道，一个特别密集的居住模式，一个严格划定的城市发展边界——美国最早的城市发展边界之一。但是，这也是一个几乎所有人出行都开车的地方，其原因非常简单，就是因为邻里结构的缺失。如果没有以混合功能的邻里中心为核心的、紧凑的可步行街道网络，不管天气有多舒适，迈阿密的居民都不会步行或者乘坐公交出行。

采用较新的开发技术，例如绿色建筑和低冲击的雨水设施，就很容易令人忘掉比较早期的、可以信赖的邻里结构才是精明增长的真正核心。在关于这一主题的大部分书中，邻里的细节正在消失，在 LEED 标准中，这些细节强调得也不充分。把邻里结构的中心地位恢复到美国环境运动中，是本指南最为重要的贡献。

同样不寻常的是本指南对形体设计细节的强调，特别是在街景和单体建筑的尺度上。在精明增长的讨论中，这些问题很少得到特别的处理，但它们也值得关注，因为所有的尺度都是相互联系的。例如，窗棂有助于增强室内的视觉私密性，允许住所之间的距离更近。这会提高密度并创造更多鼓励步行的、在空间上比较亲密的街道。步行支持公交并减少机动车出行里程。反过来，机动车出行里程的减少会降低碳排放量，从而减缓气候变化。对于无限复杂的人类——特别是需求极高的北美人——甚至窗棂都有关系。

很多人都在讨论精明增长，而同时只有很少的人正在实施精明增长。但是在超过 25 年的努力之后，到底什么发挥作用，现在可能形成结论了。这里描述的技术方法被认为是与众不同的。人们满怀信心地把它们提供出来，如果可以得到广泛传播，它们可以显著改善我们的环境状况和我们的生活质量。

这本指南并不是讨论郊区蔓延的愚蠢和精明增长的优越。这个主题已经被一个出版文库所充分地覆盖——其中一些是我们自己写的书——几乎是在郊区蔓延崩溃的时候，这些书就上架了。如果你正在寻找反对当前开发模式的争论，《郊区化国家》《长期危急》等书籍会很容易得到。我们假设，如果你正在读这本指南，你需要的不是如何去信服精明增长，而是要去做关于什么的资源和实践解释。

重新学习一遍关于良好邻里设计的全部技术方法并不容易，但是过去十年我们已经在良好邻里的设计上取得了巨大的进步，我们希望这本指南能够加速相关的进步。

什么是精明增长?

多年前当精明增长这个词开始传播的时候，我们问过自己这个问题。它是那种我们一直在公司中实践的那种设计吗？我们中的一些人不喜欢这一名词。一位同事——市场营销专家——跟我们说不要用这个词，"这个词很刻薄，它暗示其他人都是愚蠢的"。而对另一些人来说，这恰恰是它最好的特征。

最终，选择不是我们做出的。精明增长先是获得了马里兰州州长帕里斯·格兰德宁的支持，接着是美国环境保护局，然后是数量不断增加的在名称中采用精明增长的一系列机构。精明增长坚持住了。接下来的挑战就变成了为这个词汇附加上正确的技术方法。

这本指南的写作始于 10 年前，当时我们只是尝试做一下，但是任务比我们想象的要艰巨。在文献查阅、专家讨论和经验整合之后，我们发现第一稿初稿已经立刻过时了。技术飞快地进步着、项目还在实施着、研究不断以超越我们追踪能力的速度在进展，新城市主义、绿色建筑、农业改革、气候项目①和其他计划才刚刚开始结合。于是我们把这本指南暂时搁置起来，倾听大家的声音。

从这些最初的喃喃声中浮现出来的，是某种类似统一场论似的东西。很显然，我们社区的形态是很多重要事情的根本性决定因素，并且半个世纪以来的"愚蠢增长"已经把我们的国家和人民引入到了一个真正岌岌可危的境地。这场主要是从美学和社会批评开展起来的反对郊区蔓延的运动，现正在科学的指导下工作着。气象学家将蔓延与全球变暖的危机联系起来，经济学家将蔓延与我们对外国石油的依赖联系起来，环境保护专家将蔓延与空气质量和水质的下降联系起来，公共健康官员将蔓延与肥胖症和糖尿病的流行联系起来，更不用说每年 40000 名人员死亡与汽车相关。精明增长已经变成了——正如密尔沃基市市长约翰·诺奎

---

① 译者注：气候项目（Climate Project），即气候现实项目（The Climate Reality Project），由美国前副总统戈尔创立，致力于将气候危机的事实介绍给公众，并采取行动改变这一趋势，在全球各地有 500 多万名会员。

斯特对新城市主义所说的那样——"对不便捷现实的便捷疗法"。

很显然，当前许多社会、经济、环境和生理的弊病都是二战以后我们社区建设方式的直接产物。单一功能的区划、大规模的道路建设和城市投资缩减，将一个由生态可持续邻里构成的国家变成一个广阔分布的单一布局模式的集合体，只是通过汽车这种弥补性的设备将其联系在一起。借鉴生物学，我们可以知道单种栽培不可能繁荣，高流动性是行将灭绝的迹象。但是大多数州政府和市政府仍然支持那些倾向于单一功能区划和自由流交通的政策，而不是混合功能、步行导向的城市生活。

为了理解美国的建设文化，让我们设想一艘大船正在朝险滩驶去。船长发现了危险并命令发动机室反转航线。但是大船却由惯性所驱动继续向前。在我们的处境中，船长代表着开发行业的思想领袖：美国规划协会、城市土地研究所、新城市主义大会和许多拥护精明增长的政府机构。船的惯性代表着所有的根深蒂固的法律、政策、实践和超过六十年郊区蔓延所积累的特殊利益。在本书写作的时候，惯性已经被抵押贷款金融危机（这可能是郊区蔓延的另一个后果）所减缓。这一惯性还会重新加速，当它再次加速的时候，我们的未来就有赖于精明增长模式发挥作用。当前的暂缓，也许在历史学家眼中看来只是幸运。它给我们时间去思考。我们相信，经过这一段时间的质疑，我们设计社区的方法将会吸引尽可能多的批判性的严格审视，就像我们给它们融资的方法一样多。

实际上，对围绕在气候变化、能源依赖、公共健康、基础设施年久失修和财政不稳定等危机所进行的监测提醒我们，所有这五个问题都是蔓延所带来的结果，因而只有通过精明增长才能找到解决方案。

所以，如果精明增长就是现在我们所需要的，那么它是什么？我们知道它是基于汽车的郊区发展模式的对立面。但这个解释也可以再精确一些。在编撰这本指南的时候，我们查阅了三十多本不同机构的出版物，这些机构或是专门关注精明增长，或在其议程中涉及了精明增长。它们对待这一主题的方式是完全不同的。可以想象，国家住房开发商协会的精明增长出版物与山峦俱乐部①的不会相同。但是，这些不同群体提出

---

① 译者注：山峦俱乐部（Sierra Club），是美国成立最久、规模最大、最有影响力的草根环保组织。

的现实原则之间却很少有矛盾。它们的不同就在于每个群体所选择忽视的内容，这些被排除在外的内容反映了每个群体的特别关注。

由于这些分歧中的大多数都采取了省略的形式，似乎可以简单地通过彻底的兼容来创造一套内容更完整而政治色彩较淡的原则。在后面的篇章中，我们进行了这样的尝试。

什么是精明增长？

区域

区域

空间增长是不可避免的，它必须通过区域规划塑造成最明智的可能形态，而这些区域规划是以混合功能邻里模型为基础，按照"城市——乡村横断系统"进行组织的。在这些公开编制的规划中，增长被引导向现状基础设施；可支付住房，潜在不受欢迎的土地使用可以得到公平地分布；同时高产农田和其他自然资源受到保护。为了使区域规划真正有效，物业税应当在城市政府之间共享，政府也应当按照聚居点的空间结构来组织。倡导精明增长的城市政府应当通过它自身建设的努力来表现出它的原则，同时改革规范使精明增长所提出的选择得到推广。最后，没有充足水源的城市不应当增长，那些人口正在减少的城市也应当有所规划，并与现实创造性地结合。

1.1 不可避免的增长
以"好的增长"替代"无增长"

波特兰，俄勒冈州：通过将增长引入城市中心区，波特兰已经成为美国最有活力的城市之一。

　　"精明增长"一词意味着开发可以是积极的，并且在蔓延出现之前，这都是共识。今天，我们建成环境的恶劣质量已经使许多人认为好的增长是不可能的，唯一的选择就是彻底停止发展。这种方法是站不住脚的，因为预计在未来 20 年美国全国人口将增加三千万。"无增长"运动，即使成功了，最多也就持续一两个政治任期，通常是作为一个彻底逃避规划的借口。当这种政策最终由于房屋短缺而被逆转时，增长会迅速以它最差的形式重新开始。有效的长远规划的第一步，就是承认增长会出现，第二步就是强调增长的质量。

1.2 区域规划
思考全球化、行动地方化、规划区域化

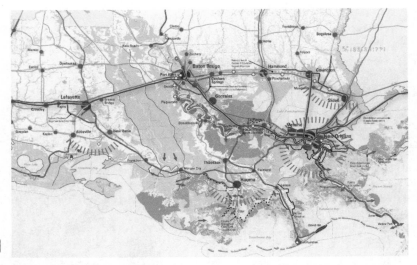

"'路易斯安那表达'区域规划"①指定了交通廊道、预期发展地区和受保护的开放空间。

　　区域规划是不可或缺的，因为它是唯一在人们生活的真实尺度上操作的。规划一个单独的城镇或者城市是不够的，因为工作、购物、休憩、教育以及其他日常活动通常会带着人们穿越城市边界。如果没有区域尺度的决定因素比如自然廊道、公交系统和指定的城市中心，即使是最好的地方规划也会导致蔓延。但是，有效的区域规划很少，因为在整个大都市地区的尺度中，很少有地方政府能够从行政管理上组织起来进行协调。因此这种规划比较理想的方式是由上一层次、包括整个大都市区的政府委托——通常是县或者州。如果没有直接的政府资助，这项规划也可以由某些被特许致力于某一项区域问题的机构（如交通、空气质量和水管理）进行有效管理。

---

① 译者注："'路易斯安那表达'区域规划"（Louisiana Speaks Regional Plan），"路易斯安那表达"（Louisiana Speaks）是一个由私人捐款所支持的长期的自发区域规划组织，它组织编制了多项规划，其中"'路易斯安那表达'区域规划"是由卡尔索普事务所（Calthorpe Associates）完成的。

区域

1.3 社区参与

为所有的规划寻找社区共识

孟菲斯，田纳西州：一个由全国社区参与研讨会研究所[①]领导的手把手工作营，允许市民们协助塑造自己的社区。

　　闭门做规划相对来说是容易的，但只有独裁者才能把私人的规划变成公共的现实。由于近来的开发过程较为民主化，是否进行公众参与已经不再是问题，问题只是什么时候参与、怎样参与。聪明的政府和开发商懂得寻求公众参与的时机是在项目最开始，运用公众的意见去引导项目，而不是在项目后期才开始公众参与而使项目脱离轨道。经验表明，当有论据支持的时候，一个真正具有代表性的社区团体会拥护精明增长，精明增长的全国流行已经通过视觉偏好调查和民意测验得到了展现。规划师的挑战是与一组市民代表就各种问题全程沟通，而不是仅仅和那些由自我选举形成的、想要主导讨论的、只关注单一问题的群体会面。这就需要一系列的沟通工具，包括社区参与研讨会、报纸增刊和实时的网络讨论等。

[①]　译者注：全国社区参与研讨会组织（National Charrette Institute），是一个非营利的全国性社区发展培训机构，其主要目标是在社区规划中推动公共参与。

1.4 横断系统
根据从乡村到城市连续断面的逻辑进行规划

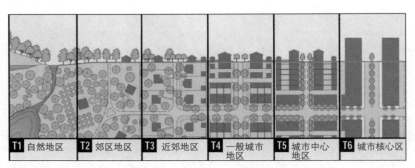

T1 自然地区	T2 郊区地区	T3 近郊地区	T4 一般城市地区	T5 城市中心地区	T6 城市核心区

在精明增长的框架内，横断系统提供了有意义的生活方式选择。

　　横断系统是一个从生态学借鉴过来的概念。它是一系列栖息环境的连续序列，例如从湿地到台地再到丘陵。生物学家用横断系统这个概念来描述每一种栖息环境共生支持系统（包括矿产资源条件、小气候、植物和动物）的方式。从乡村到城市的横断系统延伸了这种分类系统，包括了一系列不断增加密度和复杂性的人类栖息地，从郊区腹地到城市核心区。每一个尺度的设计都应当呼应从自然边缘到人造中心的渐变逻辑。正如本页插图所描述的那样，交通、植被、建筑、退线、人类生活环境的所有细节都会根据横断面而有所不同。最关键的问题不是不同横断面地区之间的渐变是渐进还是剧烈，例如纽约第五大道和中央公园紧密布局在一起，而是每个横断面地区的细节是否内部统一，因而能够相互支撑。这种场所的逻辑整合了多项走向可持续城市环境的技术方法，而这些技术方法提供了美国人所渴望的、并在大部分地方合法享有的多样化生活方式。

1.5 邻里

规划要考虑所有邻里的增长

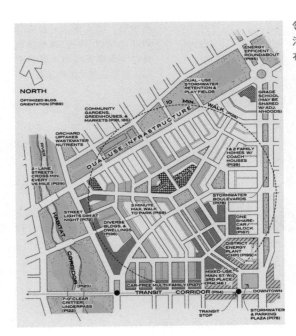

邻里就是要将部分日常生活需求（包含公交在内），布置在很短的步行范围内。

　　除了区域尺度的廊道和特殊功能的地区之外，增长应当以邻里的方式来组织。"邻里"这一名词有着特殊的技术含义——紧凑、可步行、多样、连续。它是紧凑的，为了不造成土地浪费，它尽可能按照市场允许的密度，并且通常邻里两端距离不超过半英里（约800米）。它是可步行的，因为它的规模符合从中心到边缘是五分钟步行距离，并且所有道路都是步行友好的。它是多样的，因为它能够提供全部日常生活需求，包括商店、工作场所和为不同年龄、不同收入、不同居住方式的人群所提供的住房。最后，它是连续的，因为它无缝衔接到了公交、道路和自行车网络中。邻里不是创新，它已经是整个人类历史中聚居点增长的基本构件，只是由最近六十年叫做"城市蔓延"的偏离所打断。在所有历史和文化中的传统村庄、城镇和城市，都是由这些基本的构件所组成。一个区域的精明增长程度可以由该地区邻里结构的力量来衡量。

1.6 增长优先

将投资引导到精明增长优先地区

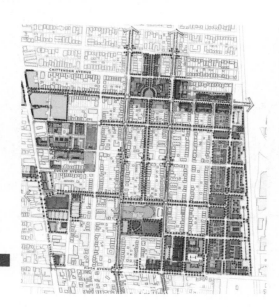

哥伦布，俄亥俄州：温兰公园总体规划引导公共设施改善计划来填充城市发展的空隙，鼓励这些地区的发展。

精明增长既引导公共基础设施投资，也引导私人开发。精明增长可以让公共和私人投资都获得最大的经济、环境和社会效益。这个途径需要对城市增长的多种选择有一个清晰的优先排序，从最"精明"到最"愚蠢"，如下所示：

1. 城市复兴
2. 城市填充发展
3. 城市扩展
4. 郊区翻新
5. 郊区扩展
6. 在具有现状基础设施的地区建设新邻里
7. 在需要建设新基础设施的地区建设新邻里
8. 在环境敏感地区建设新邻里

一旦这种排序作为政策确定下来，并且在一个区域图纸上标出来，政府就可以通过一套激励政策将开发引导到高优先度地区。马里兰州州长帕里斯·格兰德宁这样阐述了马里兰州的计划："我们告诉社区，他们仍然可以自由蔓延——只是我们再也不补贴他们了"。

区域

1.7 可支付住宅

要求任何地区都能够容纳受补贴的住所

辛辛那提，俄亥俄州：位于城市西部的"希望六号"[1]项目邻里，在城市核心区附近提供了一系列可支付住房和市场价住房。

　　除非大都市区内的每一个市政府都按照它的"合理份额"[2]提供可支付住房，否则一个大都市区不可能有效运行。克服集中贫穷负担的最好办法就是将低成本住房在整个大都市区内进行分布。马里兰州再一次给我们提供了一个有用的案例，蒙哥马利县要求所有大型开发都要包括 10% 的可支付住房，从而在 20 多年中提供了 10000 套可支付住房。这个计划，如果在全国层面实施的话，将可能为 500 万户住房支出占其收入一半以上的家庭提供住所。此类住房应当主要布局在比较临近公共交通的地区，从而保证居民能够比较便捷地到达工作和服务地点，同时也没有增加拥有汽车的经济负担。

---

① 译者注：希望六号（HOPE VI），是美国 1993 年启动的，针对衰落公共住房的拆除和重建计划。

② 译者注：公平份额（Fair Share），新泽西州蒙特劳瑞尔法案提出，每个市政府都必须为所有收入水平的群体提供住房，以满足其所在区域住房需求的"公平份额"。

1.8 不受地方欢迎项目的分布

公平合理地布置 LULUs（Locally Undisrable Land Uses 地方不想要的用地功能）项目

密歇根城，印第安纳州：电厂和其他不想要的"邻居"通常都被选址在政治抵抗最弱的地区。

　　LULUs 只能在区域尺度来布局。它包括从引人注目的大项目（电厂和垃圾填埋厂）到一般性项目（大型、交通压力较大的医院和高中）。康复医院、无家可归者临时居所和其他诸如此类的设施也是饱受反对的 LULUs。任何人都同意这类项目很重要，但都希望此类项目被安排到别的邻里。最终，这类项目往往被扔到弱势群体的社区中——在这种地区它们所遇到的反对是最弱的，或者被流放到城市边缘，那些不能开车的人们被孤立在那里。采用客观的区域性评价标准可以正确地布局 LULUs 项目——考虑土地利用和交通的现状模式，并带着对社会公正的关注。

1.9 食品安全
通过保留农田，确保食物供给

蒙哥马利县，马里兰州：多亏了山麓地区环境保护理事会[1]，超过 18 万英亩的农田已经被永久保护。

通常美国的食品都需要长途跋涉 2400 多公里才能从农场到餐桌，在这个过程中运输和冷冻消耗了大量的能源。随着能源成本攀升，长距离食品采购会变得越来越不可持续，没有农业腹地的大都市地区将会很难实现食品的自给自足。那些希望长期繁荣的城市必须保留并且扩大自己的高产农业地区。这项工作最好是在州层面实现。近来州层面的公众投票结果，已经显示了公众对于资助开放空间保护的意愿。

---

① 译者注：山麓地区环境保护理事会（Piedmont Environmental Council），一个总部设在弗吉尼亚州的非政府组织，其宗旨是使市民参与到公共政策和土地保护中，从而保护山麓地区的景观、社区和历史遗产。

1.10 分享财富
在区域内公平分配物业税收入

明尼阿波利斯，明尼苏达州：1971年的财政差异法案确立了在包括七个县的明尼阿波利斯—圣保罗大都市区的区域范围内共享税收。

尽管有人觉得有点激进，但是物业税共享是保持大都市区稳定的一个重要工具。许多导致郊区蔓延的决定都来源于税基的竞争。任何一个面临税收挑战的辖区政府都希望布局像大盒子一样的零售商业、奢华的巨无霸式公寓和制造业工厂，因此就希望开发更多的郊区地区以容纳它们。如果物业税能够在区域层面分享，地方政府就不会去实施排他性区划①以逃避那些对物业税有消极影响的可支付住宅，同时城市中心地区原来由于对警察和学校投资不足造成的居住者外迁也将减少。正如明尼苏达州的迈伦·奥菲尔德教授所阐述的那样，"共享物业税，使区域性土地利用政策得以实现"。

---

① 译者注：排他性区划（Exclusive Zoning），是与包容性区划（Inclusive Zoning）相对应而存在的，包容性区划要求或者鼓励开发商把他们开发的部分住房服务于中低收入住户。例如，开发100户住房的开发商可能会被要求提供其中的20户预留给中等收入家庭。而排他性区划则没有这部分要求。

1.11 管治的尺度
协调政府和邻里的结构

纽约，纽约州：远西第十街区联合会是格林尼治村众多社区组织中的一个，它在适宜的地方尺度上进行了自我管治。

　　如果区域规划的、尺度内只有很少的几个政府，就会造成区域规划品质降低，类似的是，如果管治很少在邻里或者街区尺度操作，也会造成地方规划品质下降。正因为存在一个空间结构的层级——从大都市区到邻里，再到街区——也就需要有一个相应的管治层级。当地方政府管理部门的职权并不对应市民的切身利益时，某些市民就会对这些部门产生失望。"私有政府"的大流行——郊区房主协会——源自人们希望从他们的代表那里获得直接的责任感。在一些老的邻里中，邻居之间的共患难意识已经促成了许多街区协会。地方政府应当改组以匹配它们社区的空间结构而不是自我扩大。曼哈顿街区协会和迈阿密邻里增强小组（NETs，Neighborhood Enhancement Teams）就是比较引人注目的成功案例。

1.12 协调政策

避免政府设施选在"愚蠢增长"的地点

艾斯利普，纽约州：造型优美但是选址错误，理查德·迈耶设计的联邦政府办公楼，孤单地伫立在一条高速公路边，而不是为现有的城市中心贡献活力和就业岗位。

任何层面的政府都应当确定他们的政策是否会无意中推动了郊区蔓延。在联邦层面，已经有了两个这样的例子。一个是房利美[①]只对单独使用功能的项目提供贷款担保，这就阻拦了混合功能的项目和邻里建设。另一个是机构重新选址的倾向，例如法院和邮局从中心区搬到城市边缘的新址。俄勒冈州众议院议员俄尔·布鲁门奈尔建议进行立法使得市中心保留这些重要的建筑和它们所提供的就业岗位。罗得岛州也有一项类似的努力，将原位于市中心、计划要搬迁到郊区去的州政府办公楼保留了下来。在城市政府层面，一个常见的"愚蠢增长"的投资就是像大盒子一样的联合学校（通常在郊区），由于住宅会接踵而至，这会促使蛙跳式的蔓延。

---

① 译者注：房利美（Fannie Mae），即联邦国家抵押贷款协会（The Federal National Mortgage Association，FNMA），成立于1938年美国经济大萧条期间，是政府担保为公众提供住房次级贷款的机构。

区域

1.13 精明增长立法

将精明增长作为一种扩张方式的选择推行起来

温德米尔，佛罗里达州：当这座城市需要一个"交通解决方案"时，它就在城市中心投资，使其更加步行友好、自行车友好。

　　必须承认郊区蔓延是默认的发展模式。尽管过去的 15 年在规划行业已经出现了一个新的思考，但种种证据表明现实中改变的太少。我们可以将这种情况归咎于成为惯例的商业实践和回溯传统的市场营销，但主要原因是，在大多数地方精明增长从技术上看是不合法的。尽管有非常多官方报告和综合规划阐明了精明增长的相关政策，但大多数现存的规范和标准实际上将紧凑、多样化、可步行、可联系的社区建设"宣布"为非法。一个在政治上比较现实地进行必要改变的方法，是较少去关注如何使蔓延非法化，而较多去关注如何除去那些使精明增长不可能实现的阻碍。为了更容易让人接受，政策必须不是限制选择，而是扩展选择，将在邻里中生活的可能性再次纳入进来。

1.14 水的制约
只在水资源充沛的地区进行建设

米德湖，内华达州：在拉斯维加斯东南部30英里处的米德湖，现在水库库容只有它最初容量的一半。

　　某些问题影响的尺度巨大并有潜在的巨大破坏力，以至于需要国家层面的政策。不断降低的地下蓄水层就是这些问题之一。这是一个大区域的议题，内华达州和科罗拉多州因此而相互敌对，佐治亚州也为此问题与亚拉巴马州和佛罗里达州相互敌对。只有联邦政府才能够调停这些冲突，但在有限资源的竞争中仅仅扮演裁判的角色是不够的。那些不能满足它们预期用水需求的区域不应获得刺激增长的联邦补贴——从高速公路建设资金到工业发展拨款。水补贴使得大部分不可持续的郊区在阳光地带的蔓延成为可能。那些支持这一未来灾难的地方政府和州政府，只能由河流流域尺度上的法定机构所阻止。联邦法律必须超越对于水争端的协调，而去限制难以为继区域的发展。

区域

1.15　收缩中的城市

对某些特定的城市，设计可控制的规模收缩

底特律，密歇根州：这里是失败城市政策的一个牺牲品，汽车城自1950年代以来，已经流失了一半城市人口。

　　在一半以上的世界人口已经居住在城市地区的背景下，令人惊奇的是，在北美随着每两个城市核心区的不断扩张，就有三个城市核心区正在萎缩。单就美国来看，自1950年代以来，59个具有10万人口以上的城市已经失去了至少10%的居民。对这些城市而言，精明增长强调的不是一个更好的扩张方式，而是一个更好的收缩方式。在那些有着更好前景的邻里集中基础设施和服务，并鼓励那些投资缩减的地区转换为农业或其他生产性的开放空间，这是应当仔细考虑并主动实施的战略。在经历了30年的工业衰落、人口减少和城市更新战略失败以后，俄亥俄州的扬斯顿已经接受了城市难以重新达到25万历史最高人口的现实。相反，这个城市获奖的2010规划寻求的是城市人口稳定在80000人、就业基础多元化，并运用激励机制引导居民搬到更能维持下去的邻里中去。

区域

本章概括了一种简单的准备区域规划的十步程序。这种技巧也许需要因地制宜，但它仍然是以一种有条理和相互联系的方法来考虑区域规划所有方面的技术规程。

2.1 绘制绿色足迹

确定区域累积的自然资源

希尔斯堡，佛罗里达州：这个区域规划就是从绘制区域的绿色足迹开始的。

绿色足迹由国家土地信托基金所支持，是一个通过绘制地区的自然资源来引导发展的方法。正如出版物《变得更绿》所描述的，社区资源清单列出了应当被绘制出来的九项要素：

1. 湿地及其缓冲区
2. 泄洪通道及泄洪区
3. 缓和及陡峭坡地
4. 蓄水层补充地区
5. 林地
6. 高产农田
7. 重要野生动物栖息地
8. 历史、考古及文化特征
9. 公共道路上的风景视域

与接下来所要描述的郊区保护区不同，绿色足迹并没有法律效力，但是它具有作为理想在规划决策中进行推敲的价值。

2.2 绘制郊区保护区
确定应当真正保护起来不被开发的土地

区域规划接下来就要绘制出在绿色足迹中已经受到法律保护的地区。

开放空间保护中的一个关键步骤就是确定什么是真正需要保护的。郊区保护区包括了绿色足迹（条目 2.1）中、那些在被法律或合同中禁止未来开发的部分。这些受保护土地确立了那些随着时间流逝，而应当被拓展的核心开放空间资源。图纸通常描述出无论郊区保护区在区域中有多么小——即使在绿色足迹之中——实际上也是安全而免于郊区蔓延的。它用来警告所有的相关开发建设。正如城市土地研究所阐述的那样，"精明增长承认在所有社区中开放空间本身所固有的社区、经济和环境价值"。这个理解现在被公众普遍接受：2007 年，50 个州中有 34 个州的保护投票决议获批，并在保护资金中新增加了 14 亿美元。

2.3 绘制郊区预留地
确定应当被保护的额外土地

区域规划接下来就是确定绿色足迹中郊区保护区以外的地区，这些有条纹的地区被确定为郊区预留地。

郊区预留地补充了郊区保护区，从而为区域完成绿色足迹。创建区域保留地的第一步就是严格回顾已划定的绿色足迹，它的大多数特征都应当被包括在预留地当中，但是也有一些，比如说中等坡度的坡地，可能理由并不是相当充分，也许还需要略去。下一步，应当审慎地补充郊区保留地的开放空间结构，以创造一个连续的自然廊道系统。一旦在图纸上绘制完成，郊区保留地就可以很清晰地显示出区域中开放空间保护最高优先度的地区。未来所有关于土地保护的努力——不论是投票决议、慈善机构购买，还是开发权转让计划（条目 2.8）——都应当集中在将土地从脆弱的郊区预留地转换为永久受保护的郊区保护区。

2.4 绘制发展优先区
确定并排序最适宜增长的地区

区域规划的下一步，就是指出高、中、低等级优先发展的地区。

正如条目 1.6 所描述的那样，从"最精明"到"最愚蠢"存在着一系列增长的区位。在区域规划图上，这个层级应当表现为区分优先次序的发展区。它们可以描述如下：

● 预期增长区：城市填充地区、棕地、公交站点等高优先度地区；
● 控制增长区：城市拓展和郊区填充等中等优先度地区；
● 限制增长区：郊区蔓延和在现有基础设施基础上进行新开发的低优先度地区；
● 非增长区：开发地区需要新的基础设施，或者在环境敏感的区位。

一旦这些地区被绘制出来，每一层面的政府都能够通过刺激和协调政策来将开发进行排序（见条目 2.8-2.10）。

2.5　绘制邻里

确定当前和潜在的邻里结构

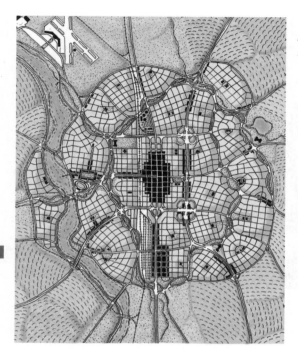

一个大都市区由区域中心、邻里、地区和走廊构成。

　　城市地区仅包括四类要素：区域中心、邻里、功能区和走廊（见条目 2.6 和 2.7）。这些场所类型的识别，对于理解一个有效的区域远景非常关键。第一步就是创造一幅能够描述区域邻里的图纸，几乎所有 1950 年前的城市发展，都符合混合功能地区在 5 分钟步行范围内的邻里模式。由于最近的政策与实践经常削弱原来的邻里，现在找到它们的位置通常并不困难了。确定这种基础性的结构会使土地利用和交通决策更为高效。例如，邻里中的道路应当很少被拓宽，因为邻里之间的道路应该能够支撑额外的交通量，而不损害附近居民的生活质量。一个精明图则（条目 2.10）的图示，将会布置能够强化邻里结构的区划。

区域

2.6　绘制功能区
确定合理和不合理的单一功能区域

克雷，纽约州：大方盒子式的建筑构成的商业带型开发地区是不合理功能区的常见
类型。

　　功能区是一个由单一功能所主宰的地域，它可能是合理的或者是不合理
的。合理的功能区包括市民中心、医疗中心、大学校园、大型的或有害的农
业和工业设施、交通场站与终点站，以及特殊的类似迪斯尼乐园的娱乐区。
其他的功能区主要是由不必要的单一用地功能划所创造出来的、不合理的
功能区。它包括独户住宅区、公寓综合体、购物中心和商业园区——那些导
致社会破碎和交通拥堵的开发。不合理的功能区可以通过规划重新分区、制
定图则并确定规划设计要求，以鼓励它们根据附加功能进行改进。例如，许
多在困境中挣扎的购物商场已经转型为混合功能的城镇中心，就像美国环境
保护局的报告《从灰地到金地》中所阐述的那样。同样，在办公园区也可以
通过注入住宅来替代它们的停车场和无用的缓冲区。通过平衡和填充不合理
的郊区功能区，来对郊区蔓延进行改进是精明增长的一个主要目标。艾伦·邓
纳姆·琼斯和琼·威廉森所合著的一本书《改进郊区》，就是以一种综合的
方式提出了这一问题。

2.7 绘制廊道和区域中心
确定主要的自然和人工廊道

波士顿，马萨诸塞州：这个廊道规划包括在区域中心的现有和建议新增的公交站点周围，引入混合收入、混合功能的开发。

廊道，作为区域"拼图"的第四块，是一个既能连接也能分隔邻里和功能区的线性要素。廊道可以是自然的或者是人工的，它包括水道、绿道、铁路线和主要的交通干道。高速公路和干线公路是最常见的廊道——特别是在郊区蔓延中——它们很多都采取了低级的商业带型开发模式。众所周知，这些地区会周期性的衰落，因此它们应当被重新分区，使之逐步融入具有公共交通服务的高密度混合功能的区域中心。除了交通干道以外，铁路廊道甚至是运河都是使用不足的路径，它们应当在后石油经济时代重新评估其价值。正是由于这个原因，它们不能被空置或者转为小径。未来的廊道应当被标明，以获得必不可少的土地。作为结果的廊道图应当在为每种类型建立最小标准的同时，在路径上保留一些弹性。

区域

2.8 创建开发权转让程序
安排开发权利的转让

安阿柏，密歇根州：2005年，约65公顷的大果栎农场加入了城市绿带，而将其开发权转让到城市中心。

　　蔓延威胁着郊区预留地，因为现行的农业区划通常允许低密度开发。相反，许多高优先度开发地区不能成长为真正的邻里，因为它们的区划禁止密集。因此，非常有必要将郊区保护地区的开发潜力转移到这些高优先度开发地区。这就需要通过开发权转让（TDR）的机制来完成。政府运行的开发权转让程序，控制着将开发潜力从一个地点销售给另一个地点，以支持区域规划的目标。通过这样一个程序，一个原计划卖掉农场来筹集孩子大学学费的农场主，能够在继续耕作这块土地的情况下，只卖掉农场的开发价值。为了发挥更好的效果，开发权转让应该可以在公开市场上进行买卖，就像房地产市场那样。

2.9 激励精明增长

创造一个奖励精明增长开发的程序

奥斯汀，得克萨斯州："三角区"，一个 8.9 公顷土地、859 户的混合功能开发项目，是根据城市精明增长矩阵激励计划建设的。

　　开发模式就像它的区位一样重要。为了决定一个项目是否值得激励，政府应当考虑两个要素：项目开发地区的优先度以及它的设计是否符合精明增长的评价标准。是否符合这个标准应当由通过依法采取的、基于形态的图则来确定，例如精明规范（条目 2.10）。如果一个项目在区位和设计上都堪称典范，它就应当被置入审核流程的快速通道，并且考虑给予激励。那些不能够给予财政支持和税收减免的城市政府，也能够在确定日期内给予通过。对于开发商来说，时间就是金钱。这些政府也可以确立一个通过程序，只有当精明增长项目申请的流水线空下来了，才去审查常规的开发项目。

区域

2.10　采取精明增长图则
引进认可精明增长的标准

使精明增长在每一个尺度上都合法的精明图则，可以在 www.smartco-decentral.org 下载。

　　郊区蔓延不是无理由发生的。在大多数地区，现行规范和公共工程标准已经无意中使精明增长不合法了。政府必须至少为开发商提供一个精明增长可能出现的监管环境。现在这套规则就像免费软件一样随手可得：精明图则。城市政府被警告说，尝试将传统的郊区发展图则更改为精明增长图则是很困难的——如果不是不可能的话——因为这两种模式是不兼容的。但通常来说完全替换现有的规则，既不是必要的，也不具有政治可能性。所以精明图则被认为是以并行的方式引入了一种具有激励性的选择。到本书写作时，数十个城市已经开始实施基于形态的图则，包括丹佛、迈阿密、蒙哥马利、萨拉索塔、埃尔帕索和圣安东尼奥。

区域

精明增长确信交通在塑造社区方面起到了关键的角色，并且坚持交通和土地利用的决策应当同步制定。精明增长通过鼓励步行、自行车和所有公共交通类型，来寻求各种交通模式之间重获平衡，也通过促进邻里可自给自足，来减少各类机动化的需求。这些邻里为了适于步行，应当消除高速交通的干扰。拓宽主干道的方案，会产生诱导性交通。容量的增加，将导致拥堵的进一步加剧。精明增长也推动拥堵收费和共享汽车，以便充分利用现有通道。

3.1 交通与土地利用的联系
协调交通与土地利用规划

帕萨迪纳，加利福尼亚州；德玛站将轻轨站和住宅、零售、市民空间、地下停车场等功能结合在一起。

聚落模式源于交通系统。五分钟步行这一人行范围的分水岭历史性地创造了邻里，有轨电车确定了城市拓展的走廊结构，火车创造了早期郊区的枢纽模式。但最近汽车使城市的新开发稀疏地铺开，毫无节制地蔓延。众所周知，交通与土地利用的联系对这些好的和坏的模式都是决定性的因素，但是规划却很少考虑这种联系。政府的工程师们例行公事地规划新的道路，延伸到那些政府的规划师正在竭力避免开发的地区；与此同时，规划师们在不考虑交通需求的情况下许可了新的开发。在某些地方，交通和规划部门很少沟通。理想的情况是，这两个部门合并为一个单一的实体。但不管部门结构如何，土地利用和交通的决策一定要一起制定。

3.2　多种方式的平衡
不要让汽车优先于其他交通方式

国王县，华盛顿州：公交车上的自行车架整合了两种城市交通方式。

　　半个多世纪以来，交通规划一直在假设私人汽车是主要的机动化交通方式。而汽车依赖型社会的真正成本现在也已经显而易见了：对很多美国家庭来说，交通支出大有超越住房成本之势。一些研究表明公共交通具有经济、社会和环境优势，但是联邦投资仍然偏好于道路而不是公共交通，二者的投资比例是4：1。另外，公共交通投资要求所有成本支出必须建立在当前需求的基础上，然而在大多数地区，当前需求由于无法获得交通服务而被人为降低了。为了平衡竞争，交通规划应当让公共交通获得和道路补贴平等的投资，并采取让所有交通方式同等有效的土地使用模式。

3.3　建设一个公交区域
在区域的尺度上综合地规划公交

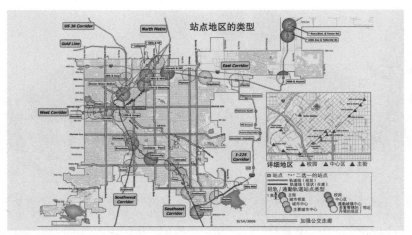

丹佛，科罗拉多州：快轨计划（FasTracks）[①]，是城市和县的长期公交规划，包括了在未来轨道站点的公交主导发展（TODs）。

　　具有改变城市形态能力的公交系统，是综合地为整个区域服务而规划的，例如纽约、芝加哥和华盛顿等城市的公交系统。相比之下，迈阿密等大都市区地区采取每次建设一条公交线的规划方法，其公交系统并没有影响城市形态。公交系统不应当采用这种方法进行规划。巴尔的摩、丹佛、西雅图正在建设区域尺度的公交网络。随着居民的出行支出越来越少，这些投资的价值会显现出来。这些新的公交系统必须执行连接就业与活动中心这一更艰巨的任务，以支持一个协调的土地利用规划；而不是只是沿着现有的路权运行。比较理想的是，所有的新开发都应当布局在现状或者是规划公交站点的步行范围内。最有效的交通规划，例如波特兰的，强制要求在规划轻轨站点采取混合功能模式。即使在那些还没有规划公交的地区，开发也应当按照预期公交服务来组织。这些开发应有清晰的邻里中心，有林荫大道所间隔，这些大道的宽度应该足够容纳轻轨线路或者大运量快速公交线路。

―――――――――

①　译者注：快轨计划（FasTracks），是一个在丹佛周围 8 个县的范围内投资数十亿美元，建造 122 公里的新的通勤铁路和轻轨、18 公里大运量公共交通，以及在轨道和公交站点周围新增 21000 个新停车位的 12 年长期计划，以增强整个 8 个县的便捷公交、轨道联系。

区域

3.4 交通选择
提供与环境相宜的公交模式

波特兰，俄勒冈州：有轨电车系统自从 1999 年运营以来，连接了通勤铁路、汽车公交和自行车道网络。

　　城市拥有各种各样的轨道和公交选择。在考虑不同的系统时，理解它们的差别非常重要。轻轨和大运量快速公交系统（BRT）是通过保持站点间具有一定的距离来提高系统的效率，通常站点距离为 1 英里（1.6 公里）或更远一些。它们通常都是连接那些力求创造或者提高活力的区域中心，但是对站点之间的地区只提供很少的经济活力。相比之下，有轨电车和公共汽车行驶速度相对较慢，站点较多，能够提高整个线路沿线地区的活力。电车轨道可以很快铺设，对地方商业不便的影响有限；并且电车轨道可以直接设置在路上，行人可以很容易地到达车辆。轻轨对提高区域机动化比较有利，如果以较小的城市廊道为目标的话，那么投资在电车上会更加有利。公共汽车比较便宜，但并不能提供电车所拥有的耐久性和文化感，因此在城市复兴中效果不明显。和电车较长的线路相比，公共汽车的服务线路也短多了。大运量快速公交是一种比较便宜的轻轨替代方式，但是只有它的路径真正畅通而且受保护时才有效。很多城市的大运量快速公交系统仅仅是看起来更快的公共汽车。

3.5 发挥作用的公交
建设易用的公交系统

丹佛，科罗拉多州：Ride（丹佛市的一个轻轨系统）是一个与城市肌理整合很好的轻轨系统。

为了在已经是汽车主导的社区吸引乘客，公共交通必须满足这四个标准：

• 路线简单：人们喜欢轨道更胜于公交的原因之一是，轨道路线是一个线形或者是环形，很少绕道，易于理解。

• 间隔时间短：大多数人们不看时刻表，也不愿意等候超过15分钟，所以发车频率是很重要的。现在有一种能够使用全球定位系统（GPS）、显示下一班车还有多久时间到的时钟，可以使等候更可忍耐。

• 体面的候车：每个公交站点必须提供一个安全、舒适、干净、干燥的地方就坐，比较理想的是还有一杯咖啡和一份报纸。

• 与城市生活融合：有效的公交系统吸引行人更胜过驾驶者，因为驾驶者必须从一种交通工具模式转换为另一种。从人行道到电车、火车或者公交车的路径必须直接、宜人，不需要穿越露天停车场或者其他危险地区。

区域

3.6 铁路系统
重新建设正在消失的美国城际铁路

由于东北部城市走廊地区的阿西乐快线火车[①]发车频率高、速度快、服务可靠,因而有很高的客流需求。

自 20 世纪中期以来,美国铁路就是一段被忽略与放弃的故事。在现存的记忆中,美国城市曾经是由有效的铁路服务所连接的,还有城际铁路将郊区和小镇连接到城市中心。然而随着被高速公路、汽车、燃料和货车游说团的破坏,一个曾经的超级网络已经萎缩到几乎落后于时代了。这使得交通规划师认识到替代交通模式的相对成本:即使在今天油价波动之前,每吨英里公路货运的成本也比轨道货运成本高 7 倍,短途飞行的成本也比火车贵两倍。我们的经济效率需求、对外国石油减少依赖和温室气体有限排放,都需要将当前道路建设补贴向轨道系统进行重新分配。加利福尼亚州最近就为电气化高速铁路投资 100 亿美元进行投票,就是重要的一步。建成后,这个高速铁路系统将乘客从旧金山运送到洛杉矶只需 2.5 个小时即可到达,票价只需 55 美元,同时每名乘客减排二氧化碳 147 公斤。

---

① 译者注:阿西乐快线(Acela Express),主要途经华盛顿、费城、纽约和波士顿,全长 734km,列车运行最高时速 150mph(大约 240km/h)。

3.7 机动化与可达性

规划既为移动，也为接近

华盛顿特区：公寓、商店和餐馆结合建设是洛根环岛地区[①]在 www.walkscore.com 网站上获得 98 分的一个原因。

　　交通规划必须要从以"汽车机动化"为中心转变为以"机动化"为中心——即通过各种各样的方式出行的能力。但除此之外,机动化不如可达性有用——以最少量的出行和成本满足人们日常需求的能力。当目的地可以在附近的时候为什么要走来走去呢? 在很多案例中, 邻近性仅仅需要区划允许用地功能精细的混合。简言之, 自给自足的邻里降低了机动化的重要性。这就再次证实了交通难题通常有土地利用方面的解决方法。有趣的是, 混合功能的经济回报远远超出了交通方面的节约。当社区在附近就能满足食品和服务需求的时候, 自给自足的地方经济就发展起来了。这种地方经济保留财富、储存活力, 达到了使其他可持续发展的努力相形见绌的程度。这种被称为"进口替代"的方法, 应当成为每个精明增长战略的一部分。

---

① 译者注：洛根环岛（Logan Circle），是华盛顿特区西北象限地区的一个交通环岛，其周边居住邻里包括两个历史地区和多座进入国家历史建筑名录的历史建筑。

区域

3.8　不穿过城镇的高速公路
保护郊区通道两侧免于开发

任何地方，美国：带状发展是大多数没有排除商业区划的郊区高速公路的最终结局。

　　在美国每一个大城市和城镇边缘都可以发现美国规划的巨大失败。那些为了实现畅通的长距离交通而建的道路，已经被地方交通所阻塞。在道路穿过农村的地方，开发必须得到控制。因为这将危害到通过式交通的预期功能，并破坏景观。在新道路建设的时候，非常重要的就是要坚持新建道路路边的用地区划不能调整为商业功能。在那些现状道路两侧已经区划为商业功能的地方，为反击这种开发而对道路景观实施保护的方式，就是建立高速公路景观视域条例，就像纳帕县在 2001 年所实施的那样。

3.9 不被高速公路穿过的城镇
防止高速主干道穿越邻里

旧金山，加利福尼亚州：当一场地震毁坏了中部高速公路[1]，它就被拆掉并替换为一条邻里通道——奥克塔维亚林荫大道。

大容量的道路有益于商业邻里，然而高速度的道路却破坏了它们。限速高的道路应当绕行邻里边缘或者在进入邻里的时候转换为低速设计道路。过去的标准模式是高速路在进入城镇的时候变成城市主街。不幸的是，这项实践在战后的交通手册中并没有得到承认，并且高速路已经在美国历史城市肌理以外大量拓展。同样，以牺牲本地的宜居性为代价，去拓宽州及国家道路来容纳区域通勤也是毁灭性的，尽管没有那么明显。即便要继续应对过境交通问题，社区内的道路设计车速也必须放慢，放慢到每小时 48 公里或者更慢的、对行人友好的速度。而这基本上也不会损失交通容量。

---

① 译者注：中部高速公路（Central Freeway），是一段位于旧金山市中心地区、大约 1.6 公里长的高架高速公路，其中一段毁于 1989 年的洛马普雷塔地震（7.1 级），而后这一段就由非高架的奥克塔维亚林荫大道所替代。

3.10 诱导性交通

否决忽视诱导性交通的预测

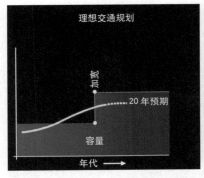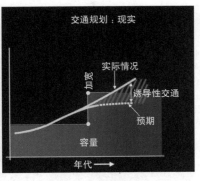

交通工程师通常基于交通量预测而拓宽路面，但预测变成现实仅仅是因为新产生的交通量被吸引到新的、更大的路上。

　　诱导性交通是一个交通专家们早就记载的现象，但在规划决策中却经常被忽视。它解释了新的加宽道路在减少交通拥堵方面的失败：新道路的容量吸收了之前逃避拥挤道路的驾驶者。这个现象被一项在 1973 年到 1990 年间的研究所证实。这项研究覆盖了加州的 30 个县，发现大都市地区的道路容量每增加 10%，机动车行驶里程就会在随后的 4 年中增加 9%。正如一个工程师所言，"企图通过增加容量的方法治理交通拥堵问题，就像试图通过放松腰带来治疗肥胖一样"。如果诱导性交通可以被更加充分地理解，路面基础设施支出将会转向实际能够减少拥堵的方式，例如公共交通、自行车道和混合功能区划。

3.11 "驯服"机动车
不允许交通影响宜居性

大急流城，密歇根州：交通部门拆掉了戴维森街的停车位，移除了树木，以另外一种"健康的"市中心破坏了原有空间的可步行性。

对于繁忙的城市中心区而言，无条件地容纳汽车是一个必败的游戏。就汽车的运行和停放来说，高峰时的需求总是超出了供给。成功的城市地区不可能避免有太多的交通量和不足的停车位这一矛盾。那些增加高速路、拓宽道路和为了提供停车位而拆除建筑的城市，只不过为了满足驾驶者的需求而逐步将城市变成不受欢迎的地方——就像 20 世纪 70 年代许多市中心的命运一样。那些努力使开车和停车变得更加方便的城市规划师，其结果是不可避免地降低了城市环境质量。此外，这样的努力对公共交通服务也是有害的。规划师的角色应该是——不激励开车，而是创造公共交通和步行体验，使不开车也能成为一种乐趣。

3.12 自行车道路网络

使所有重要目的地都能骑自行车到达

旧金山，加利福尼亚州：只有当城市拓展自行车道路网络时，自行车的使用和安全性才会增加。

　　一个完整的自行车道路网络，包含了四类基本的设施类型：自行车小径、自行车道、自行车林荫道和共享通道。自行车小径在空间上是与较高速度的交通分隔开的。自行车道是在中等速度路面上通过分隔线划分出来的。自行车林荫道是通过交通稳静设施和标志来为自行车骑行者提供优先权的低交通容量道路。最后，共享通道——大部分通道，是自行车和汽车舒适地混合在一起的低速道路。自行车道路网络应当为每一个重要的目的地提供可达性，但并不是所有的通道都必须特别提供。第一步是绘制现状网络，需要记住的是大部分现状网络都需要包括邻里中未标记的共享通道。接下来，在合适的地方，用其他三种基本的自行车道路类型来扩展这个网络。自行车目的地应当配置可靠的停车设施，并在建筑中提供淋浴。尽管自行车的使用在美国还不普遍，但一旦提供了充足的自行车道路网络，这种情况也会改变。

3.13 拥堵定价
确定反映真实驾驶成本的使用者付费

伦敦，英国：一项拥堵收费计划已经减少了城市核心区20％的交通量，并且缩短了14％的平均出行时间。

为了正常运转，市场需要有效的反馈回路。当一件商品价值起伏不定，而其定价却不变的时候，将产生低效率。当高速公路、隧道、停车位等时而拥堵、时而使用不足的基础设施面临巨大需求的时候，它们的价值就更高。就像公用设施，为了平缓使用高峰，它们应当根据需求相应地定价。只有采用基于拥堵的定价，驾车者才能根据真实成本（包括尾气排放污染和交通堵塞造成的时间浪费等等这些不可见的成本）来做出选择。就像用电高峰时段电价比较高一样，交通系统也应当采取不同的定价以抑制高峰时段的使用。当然，当存在替代方式，例如公共交通时，拥堵定价更为公平。

区域

3.14 合用车辆
组织汽车和自行车共享计划

华盛顿特区：汽车共享计划提供了价格实惠并且随用付费的汽车，而没有拥有汽车的花费和麻烦。

  在迷恋所有权的美国，现在令人高兴的是看到有一些"公有制"色彩的项目正在逐步实施。其中最显著的就是合用车公司[1]和其他合用汽车计划，这些计划已经成功地说服了很多城市居民不使用私人的汽车出行。每一辆合用汽车（Zipcar）的投入使用可以减少道路上的 15 辆私人汽车。在欧洲非常流行的自行车合用，现在正在被引入到几座美国城市。在华盛顿，企业赞助已经将合用自行车的使用成本降低到每年 20 美元以下。"产品服务系统"的概念，可以被应用到任何只是周期性使用的物品上。这样的计划通常都是开始于草根阶层，城市政府可以通过一定的激励手段来支持这些计划，例如在街道上为"公有化"的汽车提供临街停车位。

---

① 译者注：合用车公司（Zipcar），是世界上最大的汽车共享服务公司，截止到
2010 年中期，它拥有 40 万名会员，4400 个场所和 9000 辆车，占 80% 的美国市
场份额和拥有全世界一半的汽车共享者。

邻里

邻里

精明增长社区通过保护和彰显自然禀赋来充分利用其周边环境脉络。这些自然禀赋包括树木、森林、制高点及其风景、现状地貌及其排水模式，以及湿地和缓冲区。所有这些都有助于在保持自然环境的同时提高房地产的价值。精明增长社区通过保护水资源来应对气候变化，在场地开发过程中保护表层土壤；并且为了野生动物和人类的利益，在可达性好的范围内保持较大的开放空间，并将其与自然廊道连接起来。

4.1 保护自然
保留并保护主要自然特征

博福特县，南卡罗来纳州：对那些有远见保护现状湿地和树木的邻里来说，这些湿地和树木已经成为了重大的公共财富。

　　当一个场地被开发的时候，池塘、溪流、沼泽、山丘、庭荫树、园景树和其他显著的自然特征应当被保护。正如克里斯托夫·亚历山大所说："建筑一定要建设在场地中那些环境最差的地方，而不是环境最好的地方"。除了生态效益之外，还有很多原因要求保护现状景观。自然特征提供了一种持久的成熟感和地方性，有助于显著提升物业价值。大量研究显示出保护自然禀赋所带来的房地产溢价远远超过保护它们的成本。

4.2 彰显自然

将自然禀赋展示到公众的视线之中

滨海城，佛罗里达州；这个早期新城市主义社区的很多成功所在，都要归因于那些跨越沙丘的栈桥，它们宣告着沙滩就在后面。

最重要和最有价值的社区，不仅仅是简单地保护它们的自然特征，而是要彰显它们。滨水区、山景、森林、公园，甚至是高尔夫球场，都不应该隐藏在私人物业后边，而是应当至少部分的面向公共空间、主干道和步行道。卖掉部分自然景观是可以接受的，但千万不要卖太多，以至于从城市地区无法看到或者无法到达。特别重要的是那些位于笔直主干道尽端的自然特征，它们的景观可以由沿着街道上的所有建筑所共享。宏大规划往往都是将道路直接对着显著的自然美景，比如山峰或者水体。当一个场地被开发的时候，开发商总是忍不住将最佳景观私有化，并且卖给前排地块以获得暴利。而能够忍耐这种冲动的开发商会从整个社区所有住房的增值中最终受益。

邻里

4.3 保护树木

在现状树木周围设计公共空间

西雅图，华盛顿州：奥赛罗站是一个联邦政府"希望六号"项目资助的社区，替代了
1940 年代的公共住房项目。在这里，成熟的庭荫树得以保留。

树木的保护，应当是任何场地规划的一项主要决定因素。设计过程中的
第一步应当是树木调查，定位园景树和重要的庭荫树，然后这就可以作为公
园、绿地、广场和其他公共空间的选址。这些空间有助于将场地作业和植物
根群保持一定距离，以确保树木不会随后枯萎或死亡。林荫大道两侧可以配
置线型小径和灌木树篱，也用来小心保护树根。在可能的地区，那些在原址
无法得到维护的树木，应当被移植到树木保护地区。在亚拉巴马州伯明翰附
近的蒙特劳瑞尔有一个案例，在那里移植了超过 2500 棵树。古树可以显著
提高邻里价值，因为合适的树冠层需要整整一代人的时间才能长成。

4.4 彰显制高点
将重要的山顶留给公众使用

派克路，亚拉巴马州：水之新村将它最高的地方建成一个教堂和会议厅。

　　场地的制高点应当免于私人开发，而是保留作为公共空间或者公共建
筑。特别场所的景观（能够看到场所和从场所看到的）不应当被私有化；只
有公共建筑才配得上这样崇高的场地。大多数关于山坡开发的抱怨指的并不
是山腰，而是山顶，从远处看会发现那里的私有住宅侵犯了自然天际线。只
要这些住宅的屋顶低于山脊，视觉上的损害就是有限的。但是一个经过良好
设计的公共建筑也可以通过它醒目的轮廓增强山顶形象。

4.5 减少填挖工程

限制推土机的使用

谢尔比县，亚拉巴马州：设计过程中的认真审视使蒙特劳瑞尔的道路和复杂的场地非常好地结合在一起。

　　规划师应当以现状地形来工作，减少坡度调整。尽管在一块平整土地上的建设比较容易、也比较便宜，而起伏地形上的建设往往使一个场所更加难忘。如果采取大量的坡度调整将会改变原有的地表排水模式，于是必须采用比较昂贵的地下排水管线来替代。坡度调整也会砍掉大量的树木。总的来看，规划应当在最平坦的地区进行最大密度的开发；而把陡坡地留给最大的地块，这样这些地块可以相应比较少的受到建筑牵制。一条经验法则就是在坡度 15% 以上的斜坡上只允许建设独栋住宅，在坡度 30% 以上的斜坡上彻底放弃开发。对陡峭地形所做的规划应当采用围绕三角形中心绿地的交叉口，因为和传统的直角相交的交叉口相比，这种形式的交叉口只需要很少量的挖方和填方。虽然这种交叉口通常都是与乡村地区场所相联系，但它们也已经在例如伯明翰这样的城市地区塑造了美丽的城市街道。

4.6 保持土壤
在建设过程中限制冲蚀和土壤压实

罗斯玛丽海滩，佛罗里达州：一个严格的景观图则，要求保护房屋占地范围以外的所有土壤和植被。

　　最健康的土壤是自然状态的土壤。在建设过程中以及建设完成后，坡度调整应当控制冲蚀，特别要注意不去改变排水或者地下水补给区。工程师必须设计保水和滞水系统，以保护溪流避免泥沙淤积。承建商应当通过指定进入场地路线和堆场的方式，限制土壤压实。剥离出来的表层土壤应当保存保护下来，以便重新使用。在场地作业期间，必要的地方应当使用覆盖层以保持土壤湿度。

4.7 管理雨水
在任何可能的地方保护水文模式

博福特县，南卡罗来纳州：在哈伯沙姆新城，道路与景观交织，以限制雨水影响。

　　管理雨水的最佳方式，就是沿用现状的排水和渗透模式。最好是保持场地地形和允许低洼地继续发挥它们的角色，并通过渗滤装置和可透水表面的方式来达到这种效果。正如汤姆·洛在其《轻微印迹手册》中所描述的那样，这些技术比传统的"管线和地沟"方法成本更低，并能够显著提升物业价值。建筑布局远离多孔土壤，可以使土壤继续发挥功能，显著减少雨水径流。但这些技术并不是普遍适用的，雨水管理规定必须针对更多类型的城市场地而采用不同的标准。真正的城市不可能由那些强制采用郊区化的多草沼泽地和就地蓄水塘的规章所塑造出来，因为这些规章已经排除了那些能够减少蔓延的高密度开发。

4.8 保护湿地
通过丘陵缓冲区来保护湿地

米德尔顿，威斯康星州：坐落在新米德尔顿山邻里中心的一个 20 英亩的湿地公园保护了一个敏感的生态系统，并为环境教育提供了条件。

    环境标准通常只是不允许在湿地中进行建设。但是如果想要生态系统繁荣，不只是湿地自身需要被保护，还需要缓冲区来保护湿地，使其免受冲蚀、富营养化以及避免很多需要连续渐变生境物种的消失。规划应当以公园环绕湿地，而不只是仅仅把湿地放在那里原封不动。研究表明，丘陵缓冲区应当保持最小 50 英尺（约 15 米）的宽度，平均宽度至少 100 英尺（约 30 米）。人工雨水蓄水塘应当按照最大的生境价值来设计，包括有植物的自然岸线。岛屿、沙洲、泥滩可以进一步充实生境的丰富程度。当效仿自然来设计这种新的湿地时，它最终也可以像自然湿地一样发挥作用。

邻里

4.9 保存水
收集并回用水，特别是在水资源缺乏的地区

奥斯汀，得克萨斯州：在干燥的山区农村，一个大型的储水池收集雨水供家庭生活使用。

在很多地区，景观庭院是导致水短缺的重要原因之一。幸运的是，现在有一系列技术能够满足家庭的这方面需求而不必浪费清洁的自来水。第一个就是节水型园艺景观（条目 13.10 ），它采用吸水能力不那么强的植物种类。多种就地收集水的方法可以进一步增加储备、供给使用。从台地和屋顶上流下来的水可以通过储水池和池塘收集，用以灌溉植物。循环利用家庭淋浴和盥洗的"灰水"是另一个关键策略，尽管稍微有点贵。建设湿地系统也能够净化污水和废水，这些成本要少于建设一个传统的污水处理厂，而且可以节约能源，降低每月的污水处理费，并提供一个景观资源和教育工具。

4.10 城市公园
在接近住宅的地方提供自然区域

奥兰多，佛罗里达州：许多位于城市历史邻里中的湖泊，现在通过公园连接起来了。

　　郊区蔓延的一个最差的后果就是城市地区和大型开放空间的距离日渐拉开。大部分在 20 世纪初期还没有建立城市公园系统的美国城市，现在发现它们的居民被剥夺了自然的益处和乐趣。接近自然是人的基本权利，特别是对那些不能开车的人来说。即使是单独从经济基础上考虑，公园也是合情合理的。研究表明，创意产业的从业人员——那些年轻的受过良好教育的创新者，他们能够居住在任何他们喜欢的地方，也是任何城市都希望吸引的人群——在他们对居住地的选择中，自然的高可达性一直被列为一个主要因素。对这类人群来说，波特兰的山边公园属于这类吸引力场所。那些希望具有竞争力的城市需要建立并维护一个全面的公园系统。

4.11　自然廊道
将绿色地区连接成为一个连续的系统

葛底斯堡，马里兰州：通过保留一个连续的公园系统，塑造出新的肯特兰社区和雷克兰社区（中心）。

　　当广阔的自然地区连接起来，就能够对野生动物发挥更好的作用。自然廊道通常采取以下两种形式之一：较宽的绿道保持在邻里外部，确保不妨碍交通网络；较窄的指状绿地延伸进入邻里，放在林荫大道的两侧或中部。200英尺（约61米）或者更宽的绿道，可以在区域规划的尺度上绘制出来。在廊道与道路相交的地方，廊道上应当设有"动物通道"以保证动物迁徙，避免造成"路击生物"[①]。在林荫大道中部（至少20英尺，约6米宽），应当设立人行横道以避免阻断人行路线。开发规划应当展示绿化地区如何连接到更大范围的一个连续的系统中。

---

①　译者注：路击生物（Road Kills），在迁徙过程中穿过公路被车撞死的动物。

邻里

精明增长社区主要由邻里构成，每一个邻里都可以在步行范围内满足其居民的日常需求。每一个邻里都应当拥有平衡的功能混合，包括大型和小型住宅、零售空间、工作场所和公共建筑。最完备的邻里，可以为居民提供可步行抵达的学校、托儿所、游憩中心和一系列开放空间，并且还有可能进行食品生产。当邻里包含了多种多样的住宅类型时，就应当鼓励高密度，因为这样能够提高包括公共交通在内的非居住活动的可行性。在人口太少以至于无法产生一个完整邻里的时候，建筑应当集聚在一起以保护乡村地区。最后，有门禁的封闭居住区不是邻里，应当避免此类建设。

5.1 混合功能
创造能够支持多样活动的邻里

孟菲斯，田纳西州；"港城"，作为一个第一代的新的城市邻里，包括餐馆、商店、公寓和一个小旅馆。

　　邻里应当努力去实现住房、工作、商店、娱乐和公共设施等功能的混合、平衡。为了达到这一目标，应当鼓励专业的开发商与其他专业机构联合经营。尽管完美的平衡不大可能，但是必须避免出现单一功能的大地块。简单地说，独栋住宅小区、公寓组团、办公园区和购物中心是郊区蔓延的构成要素和精明增长的对立面。为了鼓励混合功能，城市政府可以对平衡的邻里提供激励性的财政补贴，因为它们不但能减少交通影响，也能减少基础设施和服务的成本。对于那些可以将单一功能周边地区重新平衡的新开发，也应当给予专门的考虑。

邻里

5.2 24 小时城市
通过增加已经消失了的活动，重新平衡城市地区

银泉，马里兰州：曾经是郊区，但现在随着夜间的活动而活跃起来，形成一个恢复生机的城市中心区。

　　活跃街道生活的关键是创造一个 24 小时城市，这意味着一个功能非常多样化的地区不分昼夜都有人使用。居住、工作、购物、上学和社交活动都必须共存在非常近的范围内。没有一种活动可以在缺乏另一种活动的情况下而繁荣兴旺起来，因为它们都是相互促进的。这种多元化可以通过使得该地区在夜间不至于空荡下来，而增进安全。正如简·雅各布斯在大概 50 年前所建议的那样，城市复兴应当开始于恢复这个城市的平衡。在大多数城市中心，住房数量是不足的，因此城市应当特别努力为其核心区带来更多的公寓和联排住宅。

5　邻里构成要素

5.3 住房多样性
在每个邻里中都包括全部的住房类型

亚特兰大, 佐治亚州:在格兰伍德公园, 公寓、联排住房和独栋住房无缝地整合在一起。

出于多种原因, 一个健康的邻里应包括多种不同的住房类型。首先, 真正的社区社会网络有赖于年龄和收入多样性的存在。其次, 当可支付住房分散而不是集中布局时, 才有可能形成一个更健康的社会环境。再次, 能和自己的医生和学校老师居住在一个邻里中是更加高效的, 更不用说自己的成年子女或者年迈父母了。最后, 全生命周期住房允许居民比较经济地提升自己的住房而不是搬走。人们可以扩大或者缩小住房面积, 而不用离开已经建立的社会网络。"全寿命社区"（条目 14.5）形成了最强的支撑系统。最终, 多样化的住房选择使得开发商获得多重细分市场, 产品可以更快地被市场消化。因此, 邻里应当包括下列多种住房类型:出租公寓、有产权的公寓、商住住房、联排住房、乡村小别墅、独栋住房、高级公馆——当然不一定要包括全部类型。当开发限定到只有一两种住房类型的时候, 即使是小规模的开发也会出现问题。

5.4　零售业分布

在每个邻里中都能满足日常购物需求

圣查尔斯新城,密苏里州;每个邻里应当在大多数住宅的步行范围内设置至少一处街角市场。

　　所有的邻里都应当包括零售空间,其数量视邻里的规模、密度和相对于交通的距离而定。300套以上的住宅和／或就业岗位的邻里最少也应当提供一处可实施的街角商店。在那些位于区域交通网络上的邻里,应当以一系列位于主街上的商店为中心。当这些商店布局在一条低速道路两侧的时候,其功能发挥最佳。商业设施例如街头小店和小餐馆——即雷·奥登伯格提出的第三场所①——形成了社区的社会中心。它们应当象基础设施一样来考虑,如果必要的话,开发商还应当给予初始补贴。那些已经提供一个运营良好街角商店的开发商,将会证实这是一项广受喜爱的设施和一个重大的营销策略。如果能够和一个小餐馆还有居民每天都会去取信的邻里邮局结合起来,这些设施可能就不大需要财政资助了。在任何情况下,这些设施与游泳池、会所、保安门禁和景观维护人员等大多数郊区开发的典型特征相比,都不需要更多的补贴。管理也是很重要的,因为顾客们更喜欢拥有国内名牌的地方企业,如果只是靠碰运气,混合则不会发生。

---

① 　译者注:第三空间(the Third Place)是由美国城市社会学家雷·奥登伯格(Ray Oldenburg)提出的概念,他认为人们居住的空间为第一空间,人们工作的空间为第二空间,第三空间是指在第一空间、第二空间以外的社会生活空间,有助于公民社会的发育。

5.5 工作场所分布

在每个邻里中都提供潜在的就业岗位

亚特兰大，佐治亚州：商店上部的办公室和公寓，创造了河滨地区的混合功能邻里中心，而最初的规划是独立的单一功能的开发项目。

　　理想的邻里应当是拥有和它的劳动力一样多的就业岗位。作为结果的"职住平衡"是高峰时间交通拥堵的一个最重要的解决措施。当然，如果邻里和主要的就业中心有着良好的公共交通联系，它就可以容纳非常少的就业岗位，却仍然能够促成区域平衡。尽管大多数邻里中的就业岗位都是在办公室里的，但只要轻工业和手工业就业岗位不产生公害也可以被布置在邻里中。大部分工作区应当被布局在邻里中心或者其附近的位置，可以很便捷地支撑服务、餐饮和公共交通。除了将办公布局在商店的楼上，还应当鼓励工作 /居住混用建筑和家庭就业以平衡居住地区，并培育那些可能无法负担正常商业租金的新企业。

5.6   公共场地
在每个邻里中都划定公共场地

戴维森，北卡罗来纳州：这座历史城镇的拓展包括了预留给公共建筑的场地。

只有在早期规划过程明确规定了的情况下，公共建筑才会自然而然地产生在成熟的社区中。每个邻里都应当预留至少一处公共土地作为必需的会议厅。通常这块场地布局在邻里中心——或许和一块公共绿地或广场结合在一起——公共建筑可以在这里与补充性的日常工作功能共享停车和公交可达性。最佳选址是占据高地或者位于轴线景观的终点，这样即使小尺度的建筑也能强化其达到与公共建筑相符的出众。在等待一座公共建筑得以实施的过程中，它的场地可以使用为公共开放空间。

5.7 邻里学校
在步行的范围内布局学校并确定合适的规模

葛底斯堡，马里兰州：瑞秋·卡森小学使肯特兰的孩子们可以步行上学。

　　1970年代之前，大部分的美国孩子都是步行上学；在今天，步行上学的孩子却只有不到15%，主要原因是学校距离太远，使他们无法步行上学了。为了纠正这个难题，新的学校必须确定合理的规模，并且布局在步行或者骑自行车很容易到达的地方。小学必须布局在大部分住宅周边一英里范围内，中学也不应当布局过远。当这些设施布置在邻里中，它们可以在放学后兼做社区和休闲中心。不幸的是，教育委员会持续地以孩子们无法步行到达的巨大的集中教育设施来取代小规模的当地学校，通常还是历史学校。从建设和管理方面来看，较大规模学校的效率可能比较高，但是增加的校车接送成本快速消耗掉了其他方面的节约，与隐性的父母驾车接送支出相比更是相形见绌。在缅因州，尽管过去25年间学生的数量在减少，但校车的成本却增长了6倍。大多数关于学校合并的争论忽略了三个事实：较小规模的学校培养出更为出色的学生；步行上学培养出更为健康的儿童；校车和父母开车接送孩子使交通高峰更为恶化。校方应当消除一切抑制小规模学校的标准，以及那些导致学校设施课后不能被用作社区功能的任何法律障碍。

5.8 支持服务
在每个邻里中都提供托儿所和健身设施

旧金山，加利福尼亚州：布里顿庭院住房项目就地提供了托儿所等社会服务。

　　在郊区社区的交通拥堵中，大部分来自于父母开车送孩子去距离比较远的托儿所和游戏场地。既然这些设施可以规模较小，那么每个邻里都可以在邻里中心或者附近至少设置一个。把托儿所布局在购物和工作场所周边很近的地区，可以实现节约时间的多目标出行。这些场地应该在规划阶段就预留下来。同样地，如果游泳池和室内健身场所需要布局在大多数住宅的步行范围内，它们也必须在邻里规划中仔细地布局。它们还应当和当地学校协调布局、共享使用。

5.9 地方开放空间
在每个邻里中都提供多样化的公共空间

道格拉斯威尔，佐治亚州：新的"支流"邻里包括一系列开放空间类型，所有的开放空间都可以步行到达。

　　正如查尔斯·莫尔所说的，"当变革开始的时候，往哪里走应该不是个问题"。正是因为这个原因，所有的邻里都应当有一个社会中心（包括一个商业广场、绿地或者室外广场）。另外，每一个邻里都应该为其居民提供可以便捷到达的一系列更为清晰安排的公共空间。应该布局袖珍公园或者小型游戏场，这样孩子们就可以到那里去玩而不用穿过任何主要道路。带有球场的运动康乐公园应该布局在骑自行车的孩子可以到达的范围内，而不是像当前的做法那样聚集在巨大设施之中。这些公园可以和学校／邻里间的绿廊结合起来。在这些公园中也应当布局社区花园和自然小径。在一个经过精心设计的规划中，每一套住宅都应当布局在骑自行车很容易到达的连续公园系统的范围内，这样如果某天在公园徒步或者在小径骑自行车就不需要先开车过去了。

5.10 住房密度
开发市场所能够接受的尽可能多的住房

华盛顿特区：托马斯转盘的杰弗逊路口以一种与周边环境适宜的方式，提供了每英亩 150 套住房的建设密度。

　　在规划师和市民中，密度问题是一个很有争议的话题。高密度通常被看作是治疗郊区蔓延疾病的灵丹妙药，实际上它只是有助于精明增长的多个要素之一。例如，弗吉尼亚州的泰森转角地区——它已成为一个蔓延的标志——是相当密的，但是其步行环境极为失败，因为它缺乏一个可步行的邻里结构。然而在其他方面相同的情况下，高密度开发确实从几个方面缓和了蔓延。因为高密度开发把更多的人安置在更少的土地上，有助于保护开放空间。并且由于高密度开发支持公共交通，它们也能减少对汽车的依赖。从这些原因来看，曼哈顿可以被认为是美国最可持续发展的地方。尽管如此，仍然有很多人似乎更喜欢花园洋房的"美国梦"，因此城市政府必须允许建造这类住房作为多样性邻里的一部分。只有城市生活是实用的、可步行的、欢乐友好的，高密度才能被购买者、邻居和选举出来的官员所容忍。城市生活必须信守承诺提供便利设施和街道生活，来作为缺失郊区院落的补偿。

5.11 邻近的农场
在邻里层面种植并销售食品

草谷，加利福尼亚州：洛马·瑞嘉有机农庄为一个新的社区提供了食品保障。

告别了低油价以后，美国的大都市地区将需要能够更加自给自足，尤其是在食品生产这方面。交通成本将会重新评估近在咫尺商品的价值。不管什么时候规划一个邻里，重要的开放空间都应该留出来种植食物，不管它是不是一个眼前的需要。从提升房地产价值方面来看，社区支持型农业[①]，必将成为 21 世纪的高尔夫球场。人们越来越愿意为本地的、新鲜的、健康的食物花更多的钱。在经济规模的另一端，许多低收入社区已经遭受"食物沙漠"之害，它们被大型超市躲开，只有价格昂贵的小型超市和不健康的快餐连锁店提供服务。这种情况导致了我们国家肥胖症和糖尿病的流行。除了支持食物种植，也需要在区域尺度制定政策，以奖励那些销售优质食品的市场在城市地区布局。

[①]　译者注："社区支持型农业"是一群消费者共同支持农场运作的生产模式，消费者提前支付预订款，农场向其供应安全的农产品，从而实现生产者和消费者风险共担、利益共享的合作形式。社区支持型农业试图在农民和消费者之间创立一个直接联系的纽带，其最大的目标就是满足消费者的食物需求和保护小农场的发展，同时具有社会、经济、景观、生态等多方面功能。

邻里

5.12　簇群住宅

在郊区地区，以紧凑组群的方式建造住房

阿什顿，马里兰州：在一个现状 0.8 公顷地块的区划中，温德克里斯特小村庄将 26 套住宅集聚在一起建设，保护了周边的开放空间。

簇群指的是将场地的一部分以较高的密度布局住宅，从而保护住开放空间的建设实践。这个概念成为保护型住宅区设计的基础——保护型住宅区设计是一种在限定基础设施成本的前提下，最大化开放空间的有效技术。对于那些具有较大地块开发权但是住宅配置数量不多、不足以成为一个完整的混合功能邻里的地块来说，这是一个比较理想的方法。很多行政区都会欢迎簇群，但很少有行政区事实上允许在适当位置进行这样的区划，更不要说是鼓励它了。为了支持这一实践，城市政府必须为那些采取住宅簇群的项目提供密度奖励，以产生能够等于或者高于替代合法大地块开发的投资回报。激励的程度可以因地制宜，但是只有在这种政策下，住宅簇群才能成为一种普遍的实践。

5.13 开放社区
禁止开发限制人进入的项目

随处可见，美国：如这个标识所示，即使是步行者也不允许进入这个有关卡的封闭地区。

　　四百多万美国家庭居住在封闭社区内，尽管有点开始衰落，但这些有门禁的封闭地区仍然在继续建造。在可能从文化和伦理原则去反对此类开发的同时，它们为什么不属于精明增长也确实有一些技术原因。首先，它瓦解了道路网络，取而代之的是大量的尽端路，并且阻止了有效的、分配式的交通网络。其次，它并不混合功能，因而将过度的交通量施加在周边道路系统上。最后，通常它只提供一个很窄范围的住房类型，因此阻碍了为地区增加各种形形色色年龄和收入群体所形成的社会经济的健全完整性。按照这种逻辑，如果能够完整并且自给自足的话，封闭社区也没有那么错，正如中世纪时期有城墙的城镇一样，但这些情况在当代很少发生。在这种社区，提供大门来保证内部安全的作用远小于市场营销策略的作用，而这种市场营销策略只能强化社会隔离。

邻里

邻里

邻里这个概念是根据步行者的尺度来定义的。典型的邻里具有包括主要公共空间的密集的中心，小公园和游戏场随处散布。邻里是按照能够兼容的建筑类型而不是功能进行区划的，这些建筑类型常常通过一个基于形态的图则进行强制执行。每一个邻里都应当按照支持高效的公交使用来进行规划——先不管它现在是否存在——并且按照随处可以进行小规模的食品采购而进行设计。为了能更好地满足这些标准，美国绿色建筑理事会的评价系统已经扩展，将邻里设计包括在内。

6.1 邻里规模
在五分钟步行范围内设计邻里

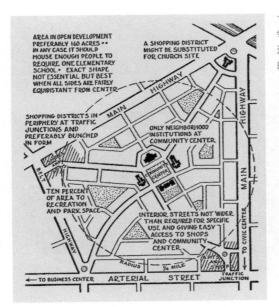

1929 年克拉伦斯·佩里的邻里单元图示，将像人们建造城市的历史那样长久存在的标准清晰地表达了出来。

　　邻里是设计和理解村庄、城镇和城市的一项基本增量。它的规模是 5 分钟步行范围，或者"行人分水岭"——从边缘到中心平均约 400 米。大多数前汽车时代的社区都是在这个基础上组织起来的，大多数希望能够步行的新社区也应如此。将要开发的大型场地也应当首先概念性地划分为几个行人步行范围，这种结构将大部分住户布置在混合功能邻里中心附近很短的步行范围内。当然，大多数邻里的形状不一定是圆的或者是方的，因为周边地理环境通常将社区边界的轮廓扭曲变形。在某些情况下，出于将零售业布局在出行最多的道路旁边的需要，邻里中心会迁移到邻里的边缘。当邻里结构确定以后，就为规划的所有方面提供了组织框架。对于复兴历史悠久的城市，邻里结构也是一个有用的工具，在寻找邻里结构的过程中，通常会发掘出历史社区中隐藏着的组织结构。

6.2 邻里组织

为每一个邻里确定一个中心和一个边缘

马卡姆，安大略：康奈尔，一个970公顷的城市拓展地区，显示了邻里结构的规则。

　　每一个邻里都是首先由它的中心、其次被它的边缘所界定。中心和边界的组合有助于建立社区的功能性和社会性认知。虽然确定的边缘可能被认为是奢侈品，但清晰的中心则是一项必需品。邻里中心应当被公共空间标识出来，例如商业广场、室外广场，或者绿地，到底哪种类型比较合适则取决于当地的文化。铺装了的商业广场最能体现城市特征，而自然的绿地则具有乡村特色。邻里的边缘可以存在根本性的个性差异。在城镇和城市——即多个邻里的聚集——通常邻里边缘由可以使过境交通绕行邻里的林荫大道或风景道路所标识出来，或者由可以利用其交通量来支持零售业发展的主要街道来标识。在村庄中——即独自位于自然中的单个邻里——邻里边缘通常由与郊区环境相连接的住房和农场所构成。

邻里

6.3 袖珍公园
将游戏场地布局在距离大部分家庭很近的步行范围内

马卡姆，安大略：康奈尔的每一个邻里都有儿童很容易到达的游戏场地。

在邻里中，游戏场地和小型儿童游乐场应当分布在大多数家庭周围的两分钟步行范围内。当它们以这种距离被间隔开，一个典型的邻里会包括好几个游戏场地和小型儿童游乐场。通常每一个游戏场地的规模都大约是 0.1 公顷，包括硬质和软质地面、长凳、充足树荫下的活动设施。虽然有时袖珍公园可以占用一个未开发的住宅地块，但最好还是把它布置在一个显眼的地方，例如交错的交叉路口或者是狭长景观的终点。把托儿所布置得临近这些游戏场地对使用来说比较便利。这些袖珍公园可以由城市公园部门提供并维护，它们也可以通过邻里协会来筹集资金。

6.4 开放空间类型
提供一系列常见类型的公共空间

庆典城，佛罗里达州：萨凡纳广场满足了第一流的城市空间需求。

大多数功能成功的开放空间都是被历史证明的类型。公园、绿地、室外广场和商业广场都有已被证明是行之有效的特定模式。例如，室外广场通常是 0.4 至 2 公顷，并且至少有三个边被沿街布局建筑的街道所围合。它的周边有整齐的树列，并且可能有一个充满阳光的、开放的中心。它包括可供休闲漫步的铺装小径和可供玩耍的草地。它的步道沿着行人所希望的路径穿过场地，所以人们可以把它作为一个捷径。如果缺少上述任何一个要素，它作为室外广场的功能就不够完善。可以对所有的开放空间类型作出类似的定义。公共空间的设计应当基于行之有效的模式，因为很多无人使用公共空间的悲惨经历表明了"发明"是有风险的。

6.5 基于形态的区划
通过类型而不是功能来布局建筑

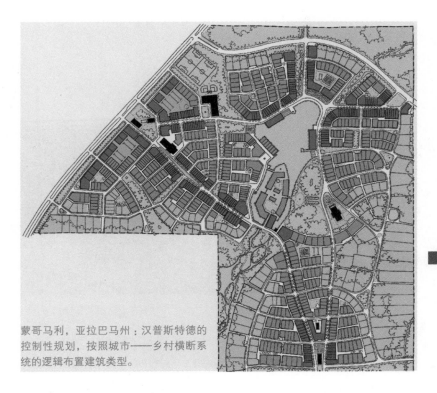

蒙哥马利，亚拉巴马州：汉普斯特德的控制性规划，按照城市——乡村横断系统的逻辑布置建筑类型。

　　基于建筑配置的精明增长图则应当替代基于土地利用的传统区划。在这些图则中（条目 12.1），大体量的建筑物应当布局在其他大体量建筑的群体之中，中等体量的建筑物应当布局在中等体量建筑的群体之中，以此类推。通常来看，从邻里中心到邻里边缘，建筑物的高度变得越来越低，并且在各自地块中所占据的用地也越来越少。这些不同的建筑形式暗示并引导着土地利用，却不必将其立法。多种建筑类型在一个邻里中的共存，避免了空间和社会的单一化，并为功能的自然演化留有余地，减少拆除的可能性。可兼容的建筑退线和停车布局也可形成和谐的邻里（尽管潜在的功能混合和功能变化是很复杂的）。除了极少数的例外，街道应当对称，两侧布局同样类型的建筑物，并沿着不可见到的地块后部在街坊中部进行区划过渡。不一致的街区于是产生了一致的街景。

6.6 公交主导

规划支持公共交通的邻里和走廊

明尼阿波利斯，明尼苏达州：新的哈瓦萨有轨电车线乘客量已经超出了预计，部分原因是其线路旁边出色的人行环境。

不管公共交通服务是现有的还是规划的，邻里中心都应当按照具备公共交通来进行设计。因为每一段公交出行的开始和结束都是和步行相联系的，因此以行人为本的邻里结构从本质上来说就是支持公共交通的。当通过一段愉悦的步行到达目的地，乘坐公交和有轨电车就变得非常受欢迎。在行人步行范围的中心布局公交站点意味着一个将它们连接起来的公交环线，也连接着市中心或者更大的交通枢纽。研究表明，居民会欣然接受步行 5 分钟到达公交站点或者 10 分钟到达轨道站点。这就启发我们公共汽车应当连接邻里中心，而轻轨则应更高效地布局在邻里之间的衔接处。这样每个轨道站点就可以有潜力服务 10 分钟步行范围内的 4 个邻里。这些邻里之间的结合部就成为开发最高密度的住房、零售商业和办公楼的公交走廊。

6.7 种植食物的花园

鼓励任何人在任何地方开展食物生产

西雅图，华盛顿州：新的"高点"邻里，因其社区花园而社会稳定。

邻里应当为整个城市——乡村横断系统提供种植食物的机会，大体上来说，可以按照以下方式进行组织：

● 0.4 至 2 公顷的小农场，位于乡村边缘，雇用工人为整个地区提供食物。
● 郊区住房地块内的庭院花园，帮助家庭在低城市化地区满足家庭自身的食物需求。
● 容器花园，例如窗前盒子、阳台及屋顶花园，减少高城市化地区对运输产品的依赖。
● 社区花园，可以为居住在城市核心区的中高层住宅居民发挥同样的作用。

邻里设计和建筑布局应当前后协作，确保所有居民都有机会通过种植来获得食物和愉悦。

6 邻里结构

6.8 LEED–ND 评级系统
通过这个有用的工具测量可持续性

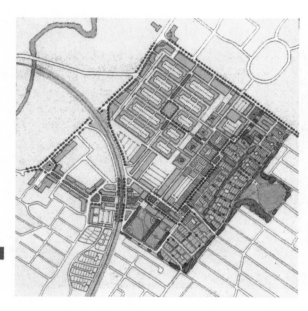

伍德里奇，新泽西州：由一个飞机工厂翻新的一个公交主导邻里，将可能会为维斯蒙特（轨道）站地区赢得 LEED–ND 的银质资格。

某个邻里是否具有可持续性应当经过一定的权威认证。当前这样做的主要标准是 LEED（能源和环境设计领导者）评价系统中的 LEED–ND（邻里 LEED）。作为美国新城市主义大会、自然资源防卫理事会和绿色建筑理事会的一项合作努力成果，LEED–ND 是已制定的 LEED 评价系统在社区尺度上的拓展，此前这一评价系统仅限定在建筑尺度。运用这一工具，城市政府、开发商和未来的住户也能够客观地决定项目方案中实施精明增长的原则具体到什么程度。对于建筑来说，LEED 已经表现出其价值——在建设实践中它已经成为一个清晰的并且可强制的指标体系。正是因为很多政府已经开始要求新建筑获得 LEED 认证，LEED–ND 将会有希望成为一个城市标准来控制大尺度开发的城市设计。考虑到它有巨大的潜在影响，使用的结果必须持续监测，指标体系必须不断升级，以最大程度减少意外结果。

街道

街道

精明增长建构在一个能够连接所有可能地点的通道网络上。这个网络由建筑连续排列形成的相对较小的街坊构成，因此没有什么邻里街道被严格限定为仅为机动车所使用。由于高速度的集散道路比较少，天桥和地下通道就不是必需的了。沿着街道的景观通常都保持较短，并通过引人注目的方式来转弯以降低交通速度。为了便于方向定位，街道的弯曲倾向于保持其主要方向。对于加油站和其他必要但是有害的功能，通过采取 A–B 街道网络，在远离具有良好步行环境质量的主要道路网络之外配置这类设施。

7.1 网络

将街道组织成为一个清晰的网络

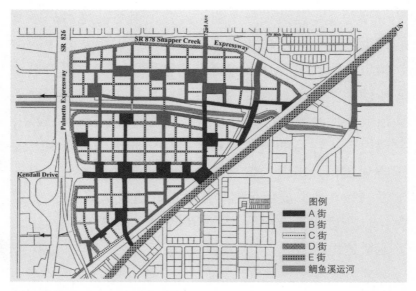

肯德尔，佛罗里达州：在迈阿密南部郊区中一个成为新中心区的地方，街道代替了停车场。

应当将通道组织到一个互相连接、层级分明的网络中。最大的通道应当联系到城市中心，将已开发地区分割为邻里。在每一个邻里中，较短、较窄的街道应当详细设计以适应较慢速度的地方交通。在强调邻里中心的同时，邻里网络提供了多条往返所有目的地的路径，因此交通是分散的，拥堵也有限。多路径也使步行者受益：那些居住在有着精细格局街道网络邻里中的人们，和那些居住在传统大街坊和尽端路郊区社区中的人们相比，表现出更乐于步行、更多地使用公交、更少驾车。这种安排对那些太年幼、太年老或者太贫穷而无法驾车来实现机动性的人们特别有用。

街道

7.2 相互联系的通道
不允许采用断头道路

随处可见，美国；尽管单独考虑时具有潜在的吸引力，但每一条尽端路都影响了整个系统的功能。

邻里中应当尽量少有尽端路，因为它会减少了通过式道路的数量，所以那些能够联系的街道会变得超过负荷。出于同样的逻辑，城市街道封闭通常是一个坏主意。在一个真正容易穿过的系统中，每一个街道都承载了足够的交通量来使其拥有活力并得到监管，同时交通量也没有大到对步行者不舒服的程度。尽端路对紧急车辆来说也是一个难题，因为其只提供了一条通向目的地的途径，途中还可能出现交通或者事故堵塞。因为尽端路可能加长路程，所以它们也增加了警务、公交和邮件递送的成本。最后，研究已经表明，当步行联系受限的时候，社会联系很少能够得到发展。由于这些原因，夏洛特市已经视尽端路定为非法，并且弗吉尼亚州交通部现在要求在其居住小区规划的标准中增加联系性指标。

7.3 跨界联系

将邻里与相邻的道路和场地连接起来

葛底斯堡,马里兰州;当经过设计,肯特兰（左侧）与未来开发的联系保持了开放状态,雷克兰（右侧）从中得到启发。

　　联系的需要并不只是局限在邻里范围内。任何开发项目如果与周边不相联系的话,都会有负面的交通影响。为了避免成为巨型的尽端路系统,邻里应当不被自然障碍,也不被神圣不可侵犯的私人产权所阻隔,内部应形成有规律间隔的街道;或者是按照州交通部门的道路交叉口间距要求进行设置（最后的这个要素通常应当受到质疑,因为间隔较宽的路口相比它们减轻的交通压力而言创造了更多的交通拥堵）。任何到达可开发地块的街道都应当持续穿过该地块。任何由潜在可能开发土地所围绕的场地,都应当在适当的位置规划设置具有规律间隔的街道地役权（为公众提供的通过某个私有产权地块的权利）,以连接未来可能的开发。

7.4　街坊尺寸
街坊要小，特别是在市中心

阿雷斯海滩，佛罗里达州：根据横断面系统的逻辑，从北向南，中等规模的郊区街坊逐步过渡到较小规模的城市街坊。

　　渗透式的街道网络是小型街坊带来的结果。简·雅各布斯观察到，在城市和城镇中最可步行的部分就是街坊最小的地区。波特兰市中心的街坊尺度只有 200 英尺（约 61 米）见方，萨凡纳（美国佐治亚州东南部地区的一座历史城市，建于 18 世纪中期）最早的地区，每平方英里范围内有 530 个交叉口。新邻里中的街坊周长通常为 1000~2000 英尺（约 305~610 米）。一般来说，街坊尺度从郊区边缘到城市中心逐步变小。对这一规律较为合理的例外情况，就是在城市中心的某个街坊中部包含了一个不沿街的停车场。如果停车场最终改建成停车楼或缩减规模，那么应当对这样的街坊进一步规划细分。在低密度地区，如果有行人通道可以抄近路，那么街坊可以设计得长一些。在坡度过大使街道不可能连接的地方，行人通道也是很有用的，因为它可以延续了街道的路径。

7.5 人行道替代品
避免建造天桥或者地下过街通道

迈阿密，佛罗里达州：即使是在最好的日子里，连接停车库和办公建筑的天桥也会吸收人行道上的活动。

　　未来派的想法也不完全是不可信，天桥和地下过街通道不时出现在城市中选址。它们通常是由那些市中心开发商所倡导的，这些开发商希望提供一个从停车库到办公楼或者其他目的地的受保护路径。只有当没有其他可能的安全通道时，这些措施才是适宜的，因为它们抢夺了人行道的步行生活，并损害了零售商业。这种楼层形成的隔离通常恰好是阶级隔离的表现，因为只有穷人和他们苦苦挣扎的商店留在了街道那一层。实际上，从潜在不安全的街道上移走部分行人，只能使街道变得更加危险。尽管人行道替代品①有时可能是避开快速交通的理由，但更经济的解决办法是按照较低的速度要求来设计道路并设置交通信号灯。糟糕的气候条件本身并不足以成为人行道替代品存在的理由。因为一些世界最佳的步行城市，例如新奥尔良和魁北克城，即使是在每年有好几个月处在非常糟糕的天气状况下，仍然能够吸引步行者。

---

① 译者注：指的是天桥或者地下过街通道。

7.6 设计过的街景

避免大多数的纵深街景过长，并且要采用引人注目的
方式来结束街景

亨茨维尔，亚拉巴马州：有特点的街景为普罗维登斯的公共领域增加了一种场所感。

　　在很多成功的场所拥有笔直街道的同时，新邻里也能通过提供弯曲街景的街道网络提高步行者的安全感、舒适感和愉悦感。笔直展开、伸向远方的街景容易导致超速驾驶，它们也容易导致街道空间令人感觉不是那么围合。与之相反，那些有着交错交叉口、偏转和轻微弧线的街道网络，能够通过创造显著的视觉活动来增强空间界定和导向。终止的街景提供了令人尊崇的适宜公共空间的场地。在最佳设计的邻里中，街景一般都不超过1000英尺（约305米）长，大多都是很精心设置对景于自然特征、公共空间或者是良好布局的建筑。当道路对景终止于一座建筑时，它应当在轴线上布局一个特别的建筑要素以回报环境。新邻里的控制规划应当标明所有重要的街景场所，以提示建筑设计师做出适宜的反应。

7.7 曲线街道

应有所克制地弯曲街道

随处可见，美国：在郊区地区，任意弯曲的街道无所不在，使人迷失方向。

　　正如前文所提到的，一种优雅地转向街景的方法就是允许街道弯曲。不幸的是，这种技巧已经被过度夸大并且过分使用了。大多数新的住宅小区除了盲目的曲线街道，什么都没有。这使居住者和来访者都失去方向感，首先是因为这些弧线都非常相似，其次还因为它们都没能保持任何主要方向。例如，如果一个人走入一条北向的街道，他会很迷惑地发现自己随机地朝向东、西、南等方向。为了避免这种结果，曲线应当谨慎使用，弯曲的街道也应当通过整体轨迹来保持同一个总体方向。唯一的例外就是在比较陡的地形，采用之字形道路以爬上陡坡。

7.8 城市优选分类法
建立清晰的适于步行的街道网络

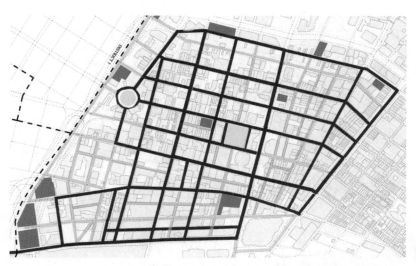

新奥尔良，路易斯安那州：一个 A–B 网格确定了用一种临街道路网络（蓝色的）来
坚持步行友好的标准，而另一种（褐色的）则保持以汽车为主导。

即使是最好的邻里也必须容纳那些本质上就对步行生活有敌意的要素，
其中包括穿过式的交通、加油站、没有门窗的墙面和停车位，所有这些都应
当布置在邻里以外的地区。但是，当它们不能被如此降级的时候——通常是
复兴一个城市地区时——它们应当审慎地布局在一套 A–B 街道网络中。交
错布局的 A–B 街道网络并不是禁止对步行不友好的功能，而是把它们布置
在次级街道。这个系统是一套优选分类法，在某些地区放宽步行环境质量，
所以其他地区可以变得真正优秀。城市中心地区的街道应当依据其当前作为
步行线路的可能性，符合实际地划分为 A 级或者 B 级。A 级街道应当坚持
在城市功能表现的一个较高标准，通常是运用基于形态的图则，并对城市景
观改善给予高优先度。当这两种道路类型必须交叉的时候——就像苏格兰格
子花呢的图案——A 级街道应当优于其他街道，形成一个连续的系统，所以
行人不必沿着 B 级街道的路边走。城市优选分类法也许对 B 级街道的物业
显得不那么公平，但是它们也会保持商业价值，因为无论如何总是有一个汽
车导向功能的市场。

街道

精明增长邻里包括一系列通道类型，大部分类型都是按照行人、自行车和机动车的公平使用而设计的。这是通过交通稳静化来实现的，具体方法是将适合的设计车速、复杂交叉口、较小的转弯半径以及沿街停车等方法组合起来使用。单行道和多车道通道只在最城市化的地区出现，其他地区不应出现，因为它们能够危害可步行性。丰富多样的通道类型，是根据它们的城市化背景来组织的，包括大街（avenues），林荫大道（boulevards），街道（streets），道路（roads），小街（alleys），小巷（lanes），人行小路（passages）和人行小径（paths）。快速流、慢速流和避让流道路的平面设计可进一步调节车速和行人的舒适性。

8.1 完全街道

街道既为汽车设计，也为步行者和骑自行车者设计

纽约市，纽约州：一项对步行者和自行车空间的承诺，使 2007 至 2008 年间的自行车使用增加了 35%。

最近 60 年以来，大部分的美国街道已经设计为以行驶汽车为单一目标，其结果就是步行和自行车功能衰退了，临街城市建筑的生机活力也衰退了。除了作为交通运输通道，街道也是公共空间，并可能是美国市民生活中最主要的场所。除了快速路以外的通道——特别是邻里中的街道——都应当被设计为聚集的场所。这就需要工程师、规划师、建筑师、景观建筑师和市政公用事业公司等多专业的合作。由此带来的通道通常会提供狭窄慢速的车行道、自行车设施、路旁停车、连续的行道树荫、宽敞的步行道、适宜的街道家具和路灯，以及支持街道生活的建筑临街面。当街道成为令人愉悦的场所，更多的人才可能会把汽车留在家中。

街道

8.2 设计车速

降低邻里街道设计车速

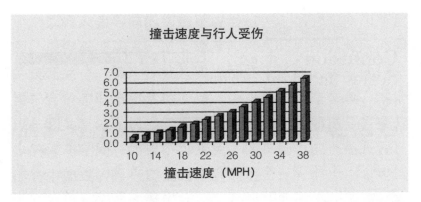

对比六个相同严重程度的交通事故，在时速每小时 20 英里（32 公里）以上即使是轻微增加车速，也能对伤亡结果产生剧烈影响。

　　机动车速度对步行者的安全和舒适是至关重要的。在 20 英里（32 公里）每小时的速度下，步行者有 95% 的可能性在撞车事故中生还，而在 40 英里（64 公里）每小时的速度下，这种可能性只有 10%。驾驶者和步行者的目光接触这一重要因素，只能发生在低速行驶的情况下，就像发生在自行车驾驶者之间的目光安全交流那样。不幸的是，简单地设置一个交通限速标志，并不是一个充分的方法。因为许多驾驶者只按照他们认为安全的速度，行驶在设计车速较高的道路上。控制机动车速度最有效的办法有缩窄车行道、避免过长的直线车道、提供沿街停车、提供视线冲突点。这些因素形成了工程师们所说的"设计车速"。现在设计通道的标准做法，是在车速远远超过限速的时候，理论上也能保护那些超速司机。这个方法完全不能改善安全，因为这威胁到了步行者、骑自行车者，同样也威胁到了驾驶者。就像高速公路适合较高的速度驾驶那样，邻里中的街道设计应当确确实实地诱导驾驶者按照每小时 25 英里（40 公里）或者更低的时速驾驶。就在本书写作的时候，已经有 6 个英国城市在其城市中心强制采取了每小时 20 英里（32 公里）的限速。

8.3 复杂的几何设计

允许非常规交叉口以缓解交通

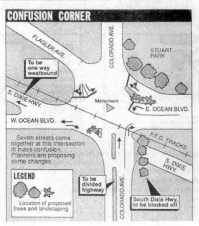

与传统观点相反，最复杂的道路通常是最安全的

　　岔路口、错位交叉口、三角形、环岛和其他不规则的几何形，曾经可以在城镇中随处可见。在技术标准化的背景下，交叉口的形式已经被缩减到几种简单几何形的有限选择中，基本上都是直角十字交叉口。有证据显示，与预期相反，这些简单几何形的交叉口创造了错误的安全感，并增加了交通事故的数量和严重程度。更进一步的研究表明，一些我们国家最复杂的交叉口，特别是那些没有采用交通信号的，却有着最低的交通事故发生率。虽然抛弃所有的简单几何形交叉口只能起到相反的作用，但现在被认可的交叉口平面类型必须要拓展。当与窄街道、小街坊、紧凑转弯半径（条目 8.4）相结合，复杂的通道就创造了一个自我监控的环境，对驾驶员和行人都比较安全。对这些基本交通稳静化技术的禁止，已经引发更强硬的措施出现了，例如减速拱、人行横道突出和减速弯道，让驾驶员在毫无挑战的道路上有所顾忌。

8.4 缘石半径

限制交叉口路缘的伸展

现在反过来了：过去紧凑的道路转角通常使行人过马路非常容易，现在新的标准增加了横穿交叉口的距离，还加快了车速。

传统的公共施工标准在交叉口规定了宽松的缘石半径，以便较长的机动车，例如拖车可以比较容易地转弯。这些伸展的缘石半径确实可以比较容易转弯，但其代价却是强制步行者在不需要减速转弯的汽车面前走比较长的距离。其结果就是毫无必要的危险和不舒适的环境。出于这个原因，新街道或者重建街道的缘石半径，不应当超过经常使用的最大机动车（通常来说是垃圾车）转弯动作所必须容纳的空间。在鼓励低速行驶的邻里，这样的机动车在右转时被认为可以临时性地驶入反向车道——特别是那些有警报汽笛可以警示对面来车的紧急车辆。最大的机动车，比如说是搬家卡车，应当可以采用三点转向，因为如果将街道尺寸加大到能满足这些不常见的"访客"，则无法满足日常使用者的需要。只要能提供合理的可达性，15 英尺（约 4.6 米）、10 英尺（约 3.1 米）甚至 5 英尺（约 1.5 米）的缘石半径都可以是合适的。通常情况下，城市化特征越明显的地区，缘石半径越小。而对于很少有行人的无路缘郊区道路，25 英尺（约 7.6 米）这样大的缘石半径也是可以接受的。

8.5 沿街停车
在除了乡村以外的其他所有地区都允许路边停车

西棕榈滩，佛罗里达州：路边平行停车服务"城市广场"（City Place）的商业活动的同时，也为购物者屏蔽了交通车流。

沿街停车提供了很多便利。它使驾车者减速——他们会本能地对车道上的其他汽车警觉。它通过沿着人行道的一道厚厚的钢铁汽车隔离，保护了步行者免受交通干扰。它降低了场地的停车配建需求，减少了停车场路面的数量，并增加了人行道的活动，因为驾车者需要从车走到目的地。正是因为这个原因，沿街停车应当再次成为工程师常备技术手段中的一个标准部分。停车应当被布置在商业性街道的两侧，以及居住性街道的一侧或者两侧，这取决于功能和密度。平行街道停车是更可取的，但是对零售商业街道来说，头入式（或者尾入式）停车也是合理的，因为这种停车方式的容量更高。对于现状翻新的情况，增加沿街停车能够收窄建设过宽的道路。沿街停车必须计入停车位的供给中，否则开发商不会提供。停车道在穿过式干道上通常是以画条纹来表示，但在地方道路上则不画。

街道

8.6 单向道路和多车道街道
避免宽的、简单化的道路系统

达文波特，艾奥瓦州：为了帮助复兴城市中心区，这座城市的交通规划正在将城市的快速单向道路恢复到双向道路。

以行人的安全和舒适为代价，单向道路减轻了交通流。反向交通的消失，使驾车者更加减少安全顾虑，更容易超速。沿着通勤线路的单向车流，也会危害到零售业的活力，它只能为这些商店提供或是早晨或是晚上的生意，而不会二者兼顾。最终，它们限制了街道网络的效率，通过街坊绕行的方法增加了出行距离，并且容易造成方向混乱。这些单向道路已被证实只有在极端高密度的地区（每英亩 75 户或者更多）才能降低车流。相似的是，在每个方向上超过一条行车道的街道，也只有在这种密度下才能有意义。通常一个行车道每小时能够通行 700 辆车。所以高峰小时通行量少于 1400 辆车的街道，不应当拓宽超过两条车道。有着多车道单向道路系统的城市应当考虑转为双向道路系统，因为它有助于帮助那些困境中的地区。

8.7 环境响应式通道

将街道类型和邻里结构关联起来

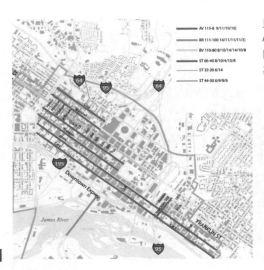

里奇蒙德，弗吉尼亚州：市中心的一个新规划确定了六种不同的通道类型，每一种都支持其自身的城市环境。

　　大多数居住区规划条例都提供非常少的通道类型，主要是与功能相联系：主干道路、集散道路、次集散道路和地方道路。精明增长邻里，包含了根据功能和环境来组织的多样类型的通道设计。它们包括下列内容：

　　● 大街（Avenues）和林荫大道（Boulevards）：长距离的通道，主要是连接邻里中心或者绕行邻里边缘；

　　● 自由流街道（Streets）和道路（Roads），有足够通过式交通量的通道，需要在每个方向都有一条全宽度车道；

　　● 慢速流街道和道路，较窄行车道的通道，承载本地交通；

　　● 避让流街道和道路，有不足交通量的通道，允许单独一个行车道来处理双向的交通；

　　● 小街（Alleys）和小巷（Lanes），服务性通道，为商业和居住地块后部提供可达性；

　　● 人行小路（Passages）和人行小径（Paths），为步行者和自行车提供可达性的通道。

　　这些通道将在本书后面的篇章中会更加详细地描述。

街道

8.8　大街和林荫大道
根据其独特的环境，确定区域通道类型

葛底斯堡，马里兰州：欣弗利广场路是一条连接肯特兰两个邻里中心的大街。

　　大街和林荫大道都是较高容量的通道，通常连接邻里中心或者绕行邻里边缘。这两种类型通常都包括绿化隔离带，一般 10~20 英尺（约 3.1~6.1 米）宽，有时允许在交叉口转弯的机动车在此排队等候。大街通常连接邻里中心，并且终止于公共建筑或者公共空间。与之相反的是，林荫大道通常沿着邻里边缘，没有道路对景点，因为它们承载了大部分的过境交通。最为城市化的林荫大道设计，是在华盛顿和巴黎这样的城市中，在中部行车道的两侧各有一个树植绿化带，创造了速度较慢的辅路，为建筑临街面缓冲并提供可达性。高容量的林荫大道可以有效地替代高速公路，就像旧金山中部快速路那样。从尺度上来看，大街对应于自由流交通的标准，采用 10 英尺（约 3.1 米）宽的行车道、8 英尺（约 2.4 米）宽的停车道。而林荫大道可以再宽几英尺，以允许稍微快一点的车流。

8.9 自由流的街道与道路
为自由车流设计高容量的通道

希尔斯伯勒，俄勒冈州：在欧润科车站的这条混合功能的街道，是为了自由行驶但不超速来设计的。

　　自由流通道是那些有充足交通量，而保证在各个方向都有全尺寸车行道的街道和道路。这种类型的通道数量有赖于密度。在某些邻里中，也许根本不需要此类通道。而在城市中心，所有的通道都应当为自由流而设计。自由流车道采用 10 英尺（约 3 米）宽的行车道和 8 英尺（约 2.4 米）宽的停车道。那么，通常自由流街道的宽度要么是 36 英尺（约 11 米）（双侧停车），要么是 28 英尺（约 8.5 米）（单侧停车）。这些数值和所有其他列在这里的数值指的都是从一侧的路缘面到另一侧的路缘面，因为驾驶者倾向于停在排水沟边。道路是郊区性的，它们和街道的明显区别就是没有路缘石。因为汽车通常都停在道路铺装以外，所以自由流道路的宽度是 20 英尺（约 6 米）宽。

8.10 慢速流的街道与道路

为慢速流设计地方通道

伍德布里奇，弗吉尼亚州：在贝尔蒙特湾，一个慢速流通道为联排住宅提供了可达性。

　　慢速流的街道和道路，在为中等密度住宅提供可达性的同时，只能处理有限的通过式交通。就像它们对汽车有用一样，它们也是其所在社区的主要公共空间，但是它们仅在较低行车速度时，才会发挥这样的功能。因此其车行道必须比自由流通道上的狭窄——8~9英尺（约2.4~2.7米）宽——并且车道间可以没有分隔标志。这样当两辆车彼此接近的时候，它们必须慢速行驶否则就会有相撞的危险。停车道可以7英尺（约2.1米）宽，是否标示均可，街道的总宽度通常是比较适中的：单侧停车至少24英尺（约7.3米），双侧停车至少30英尺（约9.2米）宽。慢速流道路，如果在路面外设置停车的话，最窄可以做到16英尺（约4.9米）。

8.11 避让流的街道与道路
为避让流设计低容量通道

谢尔比县，亚拉巴马州：在蒙特劳瑞尔，狭窄的车道和沿街停车创造了一个减速避让的环境。

比较早期的美国邻里揭示出第三类非常小的、为驾驶者仍然发挥着良好作用的通道。正如美国国家公路与运输协会（AASHTO）绿皮书所描述的那样，避让流（或者说是排队等候）街道包括一条单独的 12 英尺（约 3.7 米）宽行车道处理双向交通。因为汽车不到 6 英尺（约 1.8 米）宽，当两辆车相遇的时候，其中一辆车稍微靠边，插在停车道的间隙当中。停车道不作标志，但路面上增加 7 英尺（约 2.1 米），因此一个避让流街道通常是 19 或 26 英尺（约 5.8 或 7.9 米）宽，这有赖于采取单侧停车还是双侧停车。避让流道路，由于不包括凸起的路缘石，可以少于 12 英尺（约 3.7 米）宽，所有停车都沿着路面铺装的外侧。在低密度地区审慎地使用避让流道路，可以很自然地实现稳静交通，使减速带不再必要。虽然比较窄的街道会使应急车辆速度变慢，但这种影响必须在更大的整体安全背景中进行考虑。在科罗拉多州朗蒙特的一项研究发现，对紧急状况的较慢反应所危及到的生命数量，与通过较慢驾驶速度所避免受伤的人数相比，从统计数据上来看并不显著。

8.12　后部的小街与小巷
提供后部的小街和小巷，以保证提供可步行的建筑临街面

威廉斯堡，弗吉尼亚州：新城的一条后巷容纳了车库入口、辅助房间入口、垃圾收集处、邮箱、市政设施计量表，甚至还有建筑施工设备。

　　在 20 世纪早期广泛应用的小街和小巷，作为一种处理密集城市化不断增长的停车和服务需求的方式，重新出现了。这些通道通往其所在街坊的中心，使得服务地区和车库便捷可达。小街布局在城市和商业地区，从一侧到另一侧的路面全部铺装。而小巷属于更加居住性的地区，采用比较狭窄的路面铺装，通常 10 英尺（约 3.1 米）宽，两侧附以铺地植物。在城市化程度①较弱的地区，小巷可以不铺装而采用碎石或者其他透水性表面，以循环利用雨水。小街和小巷通常都需要 24 英尺（约 7.3 米）的路权宽度（红线宽度）。为了使大型汽车比较容易地拐入车库，相对车库之间的距离应当保持大约 30 英尺（约 9.1 米）。除了遮蔽停车，小街也为变压器、通讯箱、计量表和其他因为尺寸不断增加而破坏街景的市政公用设施提供了一处场所。在大多数的新城镇中，给水和排水设施布置在建筑前面的街道，而电力电信设施布置在后街和小巷。

---

① 　译者注：新城市主义认为，城市化程度是可以通过多个要素形态上的差异体现出来的，这些要素形态差异总结在一起，就构成了新城市主义理论中的横断系统（参见本书 1.4 条目）。

8　通道设计

8.13 人行小路与人行小径[①]
在适宜的地方提供步行通道

庆典城，佛罗里达州：一个步行通道连接主街和隐藏在街坊内部的停车场。

　　不是所有的通道都承载机动车。正如在需要完善区域自行车网络的地方应当提供独立的自行车道，人行小路和人行小径可以被用来形成一个更加有活力的步行网络。人行小路通常在城市地区，通常 10~20 英尺（约 3.1~6.1 米）宽。它们连接街坊中部的停车场和主街的临街建筑。人行小路应当沿着商店橱窗，有助于增加吸引力并提供商业机会。人行小径比人行小路更加郊区化，并且更经常使用在广场和公园中。它们通常 4~6 英尺（约 1.2~1.8 米）宽，可以采用透水性表面，例如砾石。在街坊太长以至于无法提供有效步行网络的居住邻里，人行小径也能提供街坊中部的贯通。通常当街坊临街面超过 600 英尺（约 183 米），就应当有一条人行小路和人行小径在其街坊中心的附近穿过。

---

① 　译者注：原文为 Passage and Path，指的是不同城市化程度的人行道，此处采取"人行小路"和"人行小径"的译法，尽可能地加以区分。

街道

街道不只是为移动的汽车服务的，它们的设计必须也能支撑它们作为公共空间的作用。除了机动车道，它们必须包括人行道、行道树、路缘石、路灯和其他共同构成公共街道景观的要素。这些要素值得认真的设计，因为它们都有助于造就一个成功的场所。城市政府应当需要一整套符合横断系统的区域适宜性街景，而不是确立一个单一的标准。街景要素应当从城市中心到郊区边缘有所区别。应当避免的一般错误包括过度照明、不必要的过于花哨的材料、人行道障碍物和布局不合适的市政公用设施。应当在适当的地方采用能够改善雨水渗透的材料。

9.1 人行道

沿着所有的城市通道提供合适的人行道

比弗利山庄，加利福尼亚州：在商业金三角地区，街景改善运动创造了一个对零售功能来说是理想尺度的人行道。

　　除了郊区道路和高速公路外，所有的通道都应当包括一个可步行场所。在更加城市化的地区，人行道应当至少 10 英尺（约 3.1 米）宽。在有活力的零售街道，从建筑到路缘石采用 15~25 英尺（约 4.6~7.6 米）的宽度也不过分，特别是在可能采取室外餐饮的情况下。在更加郊区化的地区，一个标准的 5 英尺（约 1.5 米）宽的人行道即可满足两个人并肩行走，但在沿着林荫大道或者公共空间、更能促进社会交往的长廊设置更宽的人行道也是合理的。在郊区的环境下比较狭窄的人行道是合理的，实际上，可能只在农村道路的一侧提供人行道或者人行小径。避让流通道可能根本不需要它们，因为即使提供了人行道，人们也倾向于走在道路中间。比较类似的是，独立的人行道在 Woonerfs 中并没有提供，Woonerfs 是一个来自荷兰的概念，指的是一种人车混行的状态，汽车、行人、植物、长椅，甚至游戏场都共享在一个彻底的交通稳静化的路面上。

9　公共街道景观

9.2 行道树

沿着通道提供树荫

所有美国人享有的街道，一个骑自行车的人享受着成熟行道树的树荫遮蔽。

行道树保护行人、降低驾驶者的车速，并为街道空间提供了一种围合感，同时也能降低热岛效应、吸收雨水和空气污染。它们还能显著增加房地产价值。适当的布局、排列和树种选择有赖于街道在城市——乡村横断系统中的区位。在更加城市化的地区，每条街道都应当充分排列一致的树种，而在不同的街道布置不同的树种，以限制病虫害的影响。为了创造树荫，树木的间距应当以成熟树冠的宽度来布局。它们应当布置在路边，通常在独立的树池中，并且在成熟时有足够的高度，以便树冠高于商店窗户和遮阳篷。在城市化较弱的地区，行道树应当布局在行车道和人行道之间的 5~15 英尺（约 1.5~4.6 米）宽的连续绿化带中。在郊区地区，树木应当被成组布局在风景如画的树丛中，它们种类不同，和道路的距离也不同，就像自然的排列一样。在所有的区位中，采用能够带来树荫的树种比装饰性树木——例如棕榈树更可取。棕榈树只有在温和气候地区或者街道空间对于树冠来说过于狭窄的情况下，才是合理的。

9.3 路缘与洼地
提供适当类型的雨水管理系统

波特兰，俄勒冈州：路缘雨水花园提供了一个有吸引力并且具有生态环保特征的街道景观。

正如人行道和行道树一样，铺装的处理有赖于它在城市——乡村横断系统中的位置。城市街道和乡村道路的主要不同就是路缘石是否存在。在城市中，雨水流经路缘石和明沟，被地下排水管带走。在农村地区，雨水通过露天的低洼地渗透到地下。在美国东北部地区发展起来的一种中间解决方案就是绿色街道，以城市雨水公园的形式进行雨水处理。兼有城市和乡村特征的社区应当酌情采用这三种系统方案。当在较为城市化的邻里与自然相接的地方，建议通道类型采取一种半幅街道、半幅道路的模式——一侧是路缘石，一侧是低洼地。那些采取通用解决方案的公共建设工程部门，必须积极主动地拓展他们常用的那些雨水管理技术方案。

9.4 路灯

在合适的地方布置路灯

安阿柏，密歇根州：它是第一个在城市中心地区采取全 LED 光源路灯的城市，每年可以节约能源成本超过 10 万美元，并减少二氧化碳排放 267 吨。

尽管那些高大强有力的黄色路灯是提供夜间照明的最便宜方式，但它们也创造了一个没有人情味的环境，阻碍了行人的出现，并且无意中使犯罪成为了可能。最安全的城市环境是通过讨人喜欢的全光谱、低功率、矮灯杆的路灯来吸引行人。对人眼来说最愉悦的灯光标准是功率低于 150 瓦，高度低于 15 英尺（约 4.6 米）。照明水平应当通过增加路灯的数量，而不是通过增加路灯的功率和高度来实现。这种方法成本较高，但是避免了大方盒式停车场的"焦土气氛"。照明水平应当与在城市——乡村横断系统中的区位相符，而不是到处都一样。在城市中心地区和零售业密集地区，路灯应当布置较密——中心距大约 30 英尺（约 9.1 米）——以支持夜晚的活动；在郊外的居住地区，路灯可以只限于在道路交叉口布置；在郊区边缘，可以完全不布置路灯。灯具装置的外观也应当符合横断系统，越是郊区化的场所，路灯的外观应当越是朴素的。为了这个目的，市政工程部门必须采取一系列的路灯样式。路灯也应当成为街道标志的支架，以避免多余杆柱的杂乱和浪费。

街道

9.5 铺装材料

保持地面简单，并且在可能的地方保持透水

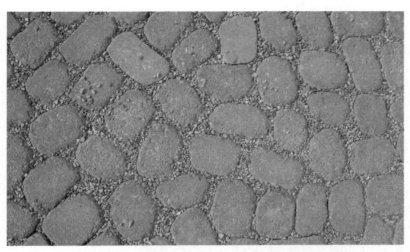

阿莱斯海滩，佛罗里达州：在车行量较少的通道，一种铺装材料的设置，为渗透雨水径流，提供了引人注目的方法。

　　街道作为步行环境，其成功更有赖于它的空间质量而不是它所使用的材料。花费在昂贵的地面、精巧的路灯灯柱和装饰考究的废品箱方面的资金，通常可以在其他方面得到更好的使用，比如说行道树。实际上，有些零售商业顾问认为，那些新奇的街景细节分散了购物者对商店橱窗的注意力。最好的细节通常是那些已经有了被认可的表现记录的细节，和那些具有非成套可拆零的材料以缓解维护和置换问题的细节。但是也有一些新的街景材料，例如透水混凝土在排雨水表现方面很好，可以在城市——乡村横断系统中酌情使用。在郊区边缘，人行道、人行小径与后巷一样，地面可以采用能渗滤雨水的砾石和石灰石筛屑。在城市地区，由于树木在水可以在较大范围内渗透到根系的地方生长的比较好，人行道应当采用多孔透水砖或者在树池之间采用鹅卵石带。在郊区，连续的树池为雨水花园和低洼地建设提供了机会。

9.6 人行道障碍

保持行人路径畅通

迈阿密，佛罗里达州：标志、灯柱、行道树和花盆，在这个狭窄的人行道上形成了一个有障碍的路线。

为了将行人的不便最小化，所有的人行道都必须提供步行所需要的最小规模的畅通地区。这个要求在零售业集中地区特别重要。为了更好地发挥作用，商业地区的人行道应当分为四个地带：路缘带、设施带、步行带、建筑临街面带。紧邻路缘石的地带应当为机动车开门提供最小的畅通，18 英寸（约 0.46 米）就足够了。接下来是设施带，布置行道树、路灯、邮筒、垃圾箱以及其他的在紧邻步行带阻碍行人的永久障碍物，步行带因而可以保持畅通。设施带相当于条目 9.5 所中描述的树池带。步行带的另一侧就是沿着建筑正面的建筑临街面带。这是布置临时障碍物的空间，例如人行道餐桌和商品展示，这些功能比较理想地是布置在遮阳篷下。不能允许室外餐饮把行人推得距离过于远离临近的商店橱窗，当这种情况必须出现的话，其解决方案就是在靠近建筑临街面处设置第二条畅通的步行带。长凳是紧靠建筑立面的最好的一种障碍物，因为人们可以舒适地面朝外坐着，而在他们背后没有任何活动。

街道

9.7 设施布局
把市政公用设施布局在视线之外

迈阿密海滩，佛罗里达州：不管是否涂上鲜艳的颜色，暴露的设施都损害了高品质的公共领域。

　　大部分现代城市生活所必需的市政设施都是体量巨大并且在视觉上毫无吸引力的，因而损害了街道生活。变压器、提升泵站、设施计量表、有线电视设备箱和其他此类设施，都不应当被布置在街道景观的沿街面。后街和地块中部的停车场为在人行道之外和视线之外布置这类设备提供了一个合适的环境。当没有这种"后台"地区可以使用的时候，这些设备应当系统性地分组整合，并且（在理想的情况下）通过某个构筑物遮蔽起来，以减缓其视觉损害。

街道

公共领域是由其周边的私有建筑所塑造的，这些建筑的位置和布局有助于公共领域的安全、空间界定、功能和视觉趣味。为了创造一个吸引人的公共领域，私有建筑应当坐落在舒适地围合街道空间的地方，临街面相对紧凑排列。这些临街面应当有恰当排列的前廊、门廊、平台、阳台和其他可以把活动引到街道上的半公共附属物。街道空间的形态与建筑体量相关：高大的建筑最好紧临着较大的公共空间。建筑在其自身地块的布局也应当符合城市——乡村横断系统，最狭窄的建筑临街退线和最高大的建筑物应该在最城市化的地区。除了在密度最高的城市，其他无论城市化程度多么高的区位，建设摩天楼都是值得怀疑的，因为它们会在一个单一地块中吸收过多的开发潜力。所有建筑，无论大小，都应当通过设置直接面向街道的门和窗来提供自然监控。期望获得成功的商店，应当从人行道直接可达，并且与最新的零售管理方法相结合。

10.1 街道墙
通过建筑临街面围合街道空间

盖瑟斯堡，马里兰州：居住办公混用建筑围合塑造了肯特兰的一处公共绿地。

　　人类和其他所有动物一样，都拥有两种渴望——展望和庇护。展望意味着看到风景的愉悦，庇护意味着对明确界定空间的偏好。从这个原因来看，大多数的街道、广场和其他公共空间都应当被设计为"室外起居室"，提供一种舒适的围合感。在街道墙难以避免的间隙处，应当通过有吸引力的墙面或者绿化进行连接。而且，就像好的房间有着简单的形状一样，舒适的街道也应当由相对平直的建筑立面排列形成。如果立面过于繁琐、轮廓过于复杂，它们就难以有效地塑造公共空间。另外简单的建筑立面和屋顶轮廓线成本较低，可以释放资金，使之更有效地使用在更好的建筑材料和施工工艺上。

10.2 浅后退

在城市地区，将建筑更紧临街道布局

丹佛，科罗拉多州：斯特普尔顿的新住宅为街道提供了一个稳定的边缘。

　　当空间过大，就失去了它们的围合感。为了更好地界定公共领域，私有建筑应当布置得相对临近街道——具体临近到什么程度要看这条街道在城市——乡村横断系统（见 1.4 条目）中的位置而定。在城市核心区，建筑可以直接临着人行道。在邻里中心，居住建筑通常可以退后 5 英尺（约 1.5 米），对于联排别墅和小型公寓建筑设置门廊比较理想。对于典型的居住街道，独立式住宅可以退后地块产权线 10~25 英尺（约 3.1~7.6 米）。在郊区邻里的边缘，进深更大的前院也是比较适宜的。这些退后距离应当不只是被常规的最小退后线所控制，而是应当由精确确定立面位置的"建筑控制线"所控制。否则，某些个体建筑可能由于退后过多而侵蚀街道墙。最佳的城镇规划，例如约翰·诺兰从 20 世纪 20 年代以来所作的那些作品，运用了不同的建筑控制线来创造性地塑造公共空间。

10.3　建筑附属物

鼓励宜于社交的半公共建筑要素

普莱森特山，南卡罗来纳州：I'ON 社区的前廊和侧廊为居住性街道增加了兴趣点。

　　私有建筑在空间上塑造了公共领域，但它们必须也为公共空间提供兴趣点和活动。这一点可以通过增加能为社交活动创造机会的宜居半公共附属物来实现，例如门廊、露台、凸窗和阳台等。为了激励承建商来建造这些附属物，它们应当被允许侵入建筑退后区，建筑退后区内体现了建筑面积奖励。商业建筑的遮阳篷和拱廊也是有益的，因为它们为购物者提供了庇护，并扩展了商店的可感知界限，它们应当一直设置到公共人行道之上，在必要的地区还应当给予地役权。通常必须修改图则才能形成一个真正的拱廊——将宜人空间布置在公共路权的上空。

10.4 建筑高度
依据横断系统设定建筑高度

达拉斯，得克萨斯州：盖博斯西村将四层公寓设置在一条电车沿线商店的上部。

　　正如较浅的建筑退后可以创造一个良好围合的街道空间，较高的建筑也能做到。单层建筑难以给街道一个强有力的边缘，如果上面楼层不可能增加室内高度的话，底层商店就应当采取较高的天花板高度，并且女儿墙的高度应当接近 20 英尺（约 6.1 米）。单层住宅比较适宜朝向郊区边缘，但是其他地方并不推荐。有着局部二层的建筑应当将楼上的部分设计在前部，以期更好地控制街道边缘。建筑高度应当根据城市——乡村横断系统做出反应：通常情况下，较为城市化地区的建筑应当是 3 层及 3 层以上，较为郊区化地区的建筑应当是 2 层及 2 层以下。建筑高度也应当根据区位做出反应，较高的建筑应当被布局在街角和较开敞的公共空间。空间界定和采光条件经常出现的矛盾关系必须被同时考虑并小心平衡。

10.5　摩天楼
限定高层建筑布局在拥有良好公交服务的城市地区

迈阿密，佛罗里达州：城市正在改写区划图则以避免出现这一类高层建筑和低层建筑毗邻的情况。

　　超高层建筑比较适合布局在大都市区的城市中心，而不适合布局在比较小的城市。在典型的美国城市中心，一栋超高层建筑可能将多年的财富增长吸收到一个单独的场地，而将空置的地块和利用不足的建筑置于附近而不顾。超高层建筑也鼓励投机，因为土地所有者会根据高层区划来提高土地价格。那些取消高度限制以刺激增长的城市通常都产生了相反的结果，因为每一个土地所有者都会坚守较高的地价。在那些没有充分公共交通服务的城市，高层建筑造成了停车需求，而这种停车需求从步行友好角度来看是无法令人满意的。复兴（部分空置的）城市中心的最佳建筑类型是小型建筑——通常是四层或者四层以下。这使更大的开发商群体参与到市场中来，并将开发延伸到更大范围的地区。超高层建筑也不是提高建筑密度的必要条件，在首都华盛顿特区没有超高层建筑；而纽约的格林尼治村均为五层楼，每英亩却容纳100多套住房。

街道

10.6　道路监控
通过设置大量门窗，使建筑临街面生机勃勃

泽西城，新泽西州：在自由港邻里中，新的联排住宅和公寓通过多种门廊和入口监督着人行道。

邻里安全的关键是"自然监督"——这个词指的是，当可能被别人看到的时候，犯罪是如何减少的。采用高墙、围栏而不提供保安，会阻挡视线，更易于形成一种可能发生不正当行为的环境。门、窗和其他表明有人居住的建筑符号成为了"街道上的眼睛"。每栋建筑都应当将其主要入口直接面对街道，而不是朝向后面的停车场。带有后部停车场的商店也不应当只是建造一个舞台布景似的立面朝向主要街道——"前门"必须真正行使其功能。停车楼至少应将其第一层由宜人的空间围绕起来，以帮助创造出一个生机勃勃的、可监督的街道景观（条目 11.5）。

10.7 人行道商店
避免各种类型的购物中心

普拉诺，得克萨斯州：在力狮城市中心，商店、餐馆遍布人行道，支撑了一个充满活力的公共领域。

　　或许当代零售商业实践中最反步行的特征就是建筑前面的停车场。对于吸引步行者的零售商业而言，商店的门必须直接开向人行道，而停车场设于商店后部或者其他地方。带有后部停车场的商店应当避免将消费者入口直接面对停车场，因为它们会将建筑的背面变成了一个竞争性的沿街铺面。取而代之的是，后部停车场应当提供非常便捷的方式，使驾车者通过人行通道来到街道（参见条目 8.13）。不沿街的商业广场和城市购物中心是过时的理念。它们中的许多案例，比如波士顿的"老佛爷宫"（Lafayette Place），将它的背面朝向周边街道，形成了一个吸引犯罪的盲区。最终，将商业街道转换为徒步购物区的商业实践必须用怀疑的态度来审视。1960 年代到 1970 年代之间 150 多条主要街道步行化的失败，表明了大多数商店只有面对包括行人和慢速行驶汽车的"完全街道"时才会繁荣。

街道

10.8 零售管理
按照最高的专业标准设计并管理商店

亨茨维尔，亚拉巴马州：普鲁维登斯当地的商店通过良好设计的店面和人行道展示来吸引生意。

　　主要街道上的零售商业通常与购物广场、商业中心和其他集中管理的零售商业集群存在直接的竞争。为了自我维持，它们必须结合那些最佳零售商所使用的某些设计和管理技巧。沿街店面的标志，在汽车驾驶员能够看到的同时，必须达到能够吸引行人的等级和质量。标志应当是外发光的，正如半透明的塑料标志、带有背发光标志的雨棚显示出这是一个汽车环境。浮华繁琐起反作用的；沿街店面、主要标志、竖向叶形标志、门和雨棚应当形成一个简单、统一、独特的设计。玻璃应当干净清晰、完整、延展；雨棚应当延伸到人行道上，给行人一种已经进入了商店的感觉。最后，租赁应当整体协调、积极主动，商店的合理混合——功能实用、尽职运营、互相支持——并不是偶然出现的。

街道

以行人为导向的街道不应当被停车场和车库门所包围。把停车场从人行道上隐藏起来是邻里规划师所必需的技巧之一。第一步就是实施那些承认郊区级别的停车需求会危害城市生活的政策。由于缩减汽车依赖、就地停车和共享停车机会等原因，混合功能的邻里只需要较少的停车空间。如果不可避免，停车场也应当被布置在街坊中部或者人行道上看不到的地方，它们也应当可以在土地价格适宜的时候转换为其他功能。停车楼不一定要直接连接到它们所服务的建筑，因为这会抢走街道上的行人。居住区的车库最好布置在街道视野之外的后巷上，但是如果车库门正好设置在较宽地块住宅临街面后部的话，住宅前部也可以设有行车道。

11.1 城市中心区的停车政策
调整停车需求以减少汽车依赖

华盛顿特区：因为有地铁系统，城市的新建筑已经能够降低停车需求了。

按照城市规划专家尼尔·佩尔斯所说，"没有哪座伟大的城市曾经将停车作为一项基本的权利进行保障"。这是事实，但是一座城市怎样才能够改变它的停车标准，而不疏远驾驶者呢？第一步就是要创造一个鼓励步行的城市环境。有了更好的功能平衡和更可步行的街道，人们就开始减少汽车需求。通过减少新开发地区（这些地区是满足混合功能和步行标准的）的停车需求，这种趋势既受认可，也可进一步加速。通过给未来的居民批量购买预付费公交车票，开发商也应获批减少停车需求。公交服务良好的地区应当抑制开发商停车最大化而非最小化的需求。但是最终，每一个大城市环境面临停车"困难"已经成为了宿命。一个地方变得越是可步行，就会有更多的人想要从活力较少的地区开车到那去。突然出现的游客或者当天往返游客的停车难题是成功的征兆，但它们不应当是更多停车的催化剂。

152

街道

11.2 免费停车的高成本

根据价值来收停车费

安阿柏，密歇根州：它是最早一批安装停车收费表的美国城市之一，安阿柏现在用一个全市范围的停车定价系统来分配停车。

　　停车当然永远都不够，如果比萨是免费的，那么会有足够的比萨吗？停车，就象道路容量一样，就是经济学家所说的"免费品"，大多数使用者并没有支付全部成本，结果导致过量使用、造成短缺。当提供停车的时候——特别是提供沿街停车的时候——应当根据需求的时间来采取不同的价格。精确监控确定的会确保总是有一定数量的停车位可用。唐纳德·索普在《免费停车的高成本》一书中，建议停车价格应当由集中计量系统管理，以保证任何时候都有 15% 的空置停车位。索普也倡导要求开发商分拆公寓中的指定停车位，这样不驾车的人也就不用补贴其他人的汽车。这样的策略在加利福尼亚州的帕萨迪纳市和另外一些地方的应用中取得了很好的效果。但是最重要的是，城市政府必须承认停车方面的投资经常损害了公共交通的投资，它们必须相应地制定政策。

11.3　停车分区
以分区策略来替代基于场地的停车

圣莫妮卡，加利福尼亚州：美国的第一个 LEED 认证停车楼，有助于整个地区尺度的停车策略（尽管可能有一点自相矛盾）。

　　就地停车要求对城市活力是具有破坏性的。当访客能在建筑附近就近停车、并且直接进入建筑的话，人行道就会空着，商店也会衰落。为了鼓励步行活动，城市中心区应当基于停车分区进行组织——可步行的分区将它们的停车需求集中起来。在每一个停车分区中，停车建筑都应当满足距离在四分之一英里（约 402 米）范围内的停车需求。如果是为了到达更引人注目的目的地，这个距离还可以更远。在丹佛，有 50000 个座位的库尔斯球场只要求建设了 4600 个新停车位，因为规划师们寄希望于 15 分钟步行范围内现有的 44000 个停车位。比较理想的是，这些停车场是沿街设置的或者是设置在街坊中部的政府地块和建筑中，那么多个使用者就可以共享使用。既然个体产权所有者经常缺乏容量和动力来提供集体停车，那么这些策略必须由地方政府来执行。

街道

11.4 邻里停车

在混合功能的邻里减少停车配建要求

盖瑟斯堡，马里兰州：在肯特兰，大量的停车需求是在道路上解决的。

在每个人都开车的地区，郊区停车比（基于每套住所的停车位数量或者是每1000平方英尺——约93平方米建筑面积的停车位数量）是非常必要的。但它们也容易创造出没人愿意走路的环境。相反，如果有人建设一个支持公交的场所（一个真正可步行的地区），停车位的需求就会减少。与传统的单一功能邻里相比，混合功能邻里需要的停车位更少，主要是由于以下几个原因。它们允许一些人不依赖汽车生活，特别是有良好公交条件的情况下。除此之外，它们有大量的沿街停车，不同的时间段可以互补使用，所以它们不需要提供两次。如果这些都有效的话，混合功能的邻里就不应当坚持郊区停车标准了。通常来说，在集约的、可步行地区的商业地产，其停车位配建标准是每1000平方英尺（约93平方米）建筑面积不应当超过3个停车位；公寓停车位配建标准是第1个卧室不应当超过1个停车位，此后每增加1个卧室提供0.5个停车位。这些数量中包括了沿街停车，如果在适当的位置有良好的公共交通的话，这个标准还可以适当降低。

11.5 遮蔽停车场
将停车场布局在视线以外

亚特兰大，佐治亚州：格伦伍德公园的内部停车场把大部分汽车从街景上隐藏起来。

　　对步行生活来说，很少有比郊区地区的临街露天停车场更大的妨碍物。步行穿过的时候它们简直是太乏味了。规划图则不应当允许停车位沿着可步行的街道布局。地面停车场应当布局在街坊的中部，可以为了这个目标而扩大街坊，以便停车场被居住建筑遮蔽起来。多层停车楼可以类似地布局，如果停车楼在街道层有居住空间，它就可以沿着街道布局。现在很多城市都要求所有的新建停车楼，在街道那一层布置零售空间。如果停车楼上层空间被浅进深的公寓挡在后面的话，就更理想了。至少，车库的立面应当类似居住建筑那样详细地设计。在那些被临街露天停车场所严重影响的社区，浅进深的、低成本的、临时的界定地块式的建筑物，应当成为一种改进方法。这些建筑或者包围着一座现状的停车楼，或者坐落在车库上，包围一座地面停车场的外圈。当没有其他解决办法的时候，也可以沿着临街的步行道建造一段有吸引力的围墙或者篱笆，但这是个万不得已的方法。

街道

11.6 停车场品质
不仅为汽车使用，更是为人的使用来设计停车场

圣乔港，佛罗里达州：风标海滩的一个停车场，用砾石铺装实现了对超大暴雨的处理。

　　尽管停车的区域会破坏街道生活，但它仍然是公共空间，应当按照公共空间来进行详细布局。作为适宜居住的地区，停车场从紧密相连的树木那里受益很多，这些树木的树冠相接，在成熟时形成了一个树冠层。采用直通目的地的步行小径，间歇性地断开停车场地，是一个很好的策略，这些人行小径可以布局在汽车前部之间或者穿过停车道。树池应当是没有路缘的，因此它们可以发挥雨水渗滤功能。没有足够持续使用量的停车场无需铺设沥青表面，特别是超量停车位和供零星使用的停车场。那些服务于教堂、体育场和其他非全日使用的停车场可以采用草皮、石灰石渣、砾石或者其他可透水表面。

11.7 停车空间转化

将停车空间设计得能够转换出更多"具有创造性的"功能

肯德尔，佛罗里达州：一个新的混合功能、公交主导的城市中心，出现在购物中心的停车场。

停车楼和地面停车位都应该进行设计，以便最终可以转化为更高密度的城市生活形态。有时一个带有地面停车场的开发项目也能变得足够成功来保证高密度。如果按照城市演替来设计，这些停车场就可以变成新建筑和停车楼的场地，而不会妨碍现有建筑。这种方法要求按照传统城市街区的框架进行规划，否则奇形怪状的地块和错放位置的设施使转化变得很困难，成本很高。同样，带有停车楼的建筑最终也能够通过改善公共交通减少它们的停车需求。如果停车楼按照平面楼板而不是传统的斜坡楼板来设计，它们就可以转换为商业和居住楼层。这两项策略所花费的成本只比以前所采用的规划方法稍微多一点。

街道

11.8 停车场接入
为了最大化人行道的活动来设计停车场

迈阿密海滩，佛罗里达州：非常受欢迎的"齐亚宠物"停车库，把停车者送到具有一排沿街店面的人行道。

　　许多办公建筑、体育馆和会议中心，在为邻里增加活力方面较为失败。因为这些地区没有经过精心设计。在这些开发项目中，电梯、走廊和桥，将停车直接联系到它们所服务的建筑。如果它们想要对步行生活有积极的贡献，那么停车楼就应当将停车者直接引导到人行道，从那里他们可以抵达目的地。这种分离出发点和目的地的技术应当被明确地贯彻：就像一座商场，通过将它的主要商店分布布局，使位于主要商店之间的小型商店受益，所以规划师也可以这样安排主要停车设施来支持商业。比较理想的是，停车楼不是直接沿着它所服务的建筑布局，而是有一小段步行的距离，这样行人就可以每天步行经过商店和餐馆。这个规律也可以应用到公交站的停车。只要步行线路被设计的比较宜人，很少有人会找到抱怨的理由。

11.9　后部接入的停车

为窄地块住宅提供后巷

谢尔比县，亚拉巴马州：在蒙特劳瑞尔的后巷，提供了车库的可达性，因此狭窄地块的住宅不会成为"猪嘴住宅"[1]。

正如条目 10.6 所描述的那样，邻里安全有赖于"街道上的眼睛"的存在。门、窗、门廊、阳台和其他人类居住的迹象都有助于街道安全和可步行，但是对于那些由前面车道进车的窄地块住宅，获得这样的建筑临街面是很难得的。当一座带有 22 英尺（约 6.7 米）宽车库的住宅被布置在 40 英尺（约 12.2 米）宽的地块时，其结果就是不可避免地出现人行道被车道切割，街景被车库门主宰的现象。俄勒冈州的波特兰市，由于这些"猪嘴住宅"对于社会环境的负面影响，已经宣布它们为非法。但是坚持采用面宽较大的住宅地块会增加房屋成本、浪费土地，并且纵列车库——即一辆车停在另一辆的后面——并不受欢迎。最有效的解决方式是建设后街或者后巷，将车库转移到后面去。当这样配备的话，即使有四辆车的住宅，也能够为街道提供一个得体的沿街立面。后街后巷应当服务于每一个面宽小于 70 英尺（约 21 米）的住宅地块。商业物业和公寓住宅，有着更大的停车和服务需求，更加需要后街。

---

① 　译者注：猪嘴住宅指的是突出的车库占临街面大部分的住宅。

11.10 沿街车库后退

对没有后部小街的住宅地块，车库最好设置在住宅临街面的后面

蒙哥马利，亚拉巴马州：这个位于保护区的车库布局在地块的后部，不会影响它所服务建筑的外观。

　　如果没有房屋后面的小街，房屋前面的车道（连接房子、车库与街道间的私人车道）就是不可避免的了。但是也有几种方法来限制停车对街景的负面效果。一种解决办法是将车库旋转90°，创造一个前部停车的庭院，使车库的入口不开在街道上。如果车库不能旋转，那么它应当退后住宅前立面至少20英尺（约6.1米），通过斜向视角将其遮蔽起来。这也解决了那个大多数人都不把车停进自己车库的难题。当车库退后建筑临街面的时候，停在私人车道上的汽车正好隐藏在住宅旁边，不会影响街景。另一个解决办法在老式的邻里中可以发现，在住宅地块的后部放置一个独立的车库，沿着住宅有一个长长的私人车道。如果这种车道表面能够被精细地铺装，用作平台或者游戏场地，那么这种设计就比较理想了。

建筑

建筑

12 **建筑类型**
13 绿色建造
14 建筑设计

精明增长图则描述建筑，不是以建筑的功能或者其简单的统计尺寸，而是以建筑的形态。这就是被称为基于形态的图则。在这些图则中，建筑物以相似的形体标准进行形态塑造和选址布局。在本指南中，最终形成的建筑类型被称为多层住宅、高层住宅、商业阁楼、公寓住宅、居住 / 工作建筑、联排住宅、小屋和大型住宅。这个名录应当可以根据地方性的变化来进行调整，并由区域性的类型所补充，例如合院和侧院住宅。另一种住宅类型——附属住所——通常应当允许在独户住宅邻里中，合法地进行可支付的住房租赁。

12.1 基于形态的图则
将区划图则集中在预期的建筑类型上来

滨海城，佛罗里达州：以一套规范来开发，这套图则涉及特定的建筑类型而不是统计要求。

　　大多数区划图则通过建筑退后、建筑密度和容积率来控制建筑。这些指标在建筑形体处理和怎样与街道衔接方面，只具有非常松散的关系。1.0的容积率既可以产生一个有吸引力的带门廊联排住宅，也可以产生高架在停车场上的一个像（六瓶啤酒的）包装盒一样的公寓建筑。由于常规图则不可预见的结果，开发商和购买者都避免以前的老地块，因为这些地块无法保证隔壁会出现什么类型的构筑物。他们宁愿选择有保障的新的住宅小区或者办公园区，因为它们会有关联规则。一种解决办法就是用新的基于形态的图则来替代以往的基于统计指标的图则，这种图则通过控制建筑在其场地中的组合和布置来规范建筑。由这种图则所归纳的最典型的建筑类型已在本书前一页有所描述。大多数邻里都应包含多样性的这些类型，并依据地域气候和文化进行选择、调整，根据基于城市——乡村横断系统的控制规划进行分布。

12.2 多层与高层住宅
在适宜的区位提供更大的建筑

华盛顿特区：一座7层的混合功能建筑提供了和地铁站相适宜的密度。

在真正的城市型的区位，大型建筑物是合理的。正如条目10.5所讨论的那样，在土地缺乏的地区，即使非常高的建筑物可能也是适宜的。在大多数情况下，对规模形成限制的是停车需求。正是因为这个原因，在公共交通服务良好的地区布局高大建筑物是有道理的。但是在创造一种能够限定空间但并不对街道造成阴影的街道景观方面，高大建筑物面临挑战。正如汤姆·沃尔夫对纽约的美国大道所描述的那样——"遗憾之路"，摩天大楼沿街退后形成的广场，在创造第一流的公共空间方面是失败的。最可靠的城市高大建筑物是在一个铺满整个地块直到边界的宽大底层上面放置了一个狭窄的塔楼。在温哥华有一个非常成功的实践，虽然开发商吵闹着要求更大的建筑面积，用厚重的塔楼创造了一个压抑、黑暗的街景，但苗条的塔楼在形成明亮的、轻快街道的同时，也在塔楼中提供了更加宜人的住所。

12.3 商业阁楼

在适宜的区位提供商业阁楼

南帕萨迪纳，加利福尼亚州：梅森梅里第安社区的阁楼，全天都有人使用。

　　商业阁楼是一个非常灵活并且真正城市化的建筑类型，它包括一层的商业，上面是一层或者几层的住所或者工作空间。它紧邻人行道坐落，所有的停车都在建筑后面。商业阁楼不仅可以在城市中心区看到，而且邻里中心也有，在那里商业阁楼是首要选择，来替代那些因缺乏高度而无法为主街提供有效空间边界的一层商店。出于以下几个原因，城市政府应当鼓励这些楼上的空间：土地价格已经由一层的商业租户所支付，所以楼上的住房或者办公只需支付建设成本；沿街停车在晚上通常是低效使用的，因此可以提供给住户；并且商店楼上的公寓对街道提供了非常有必要的 24 小时"监控"。可支付住宅和企业孵化器机构应该考虑与零售开发商合作来鼓励商业阁楼的建设。城市政府需要检查它们的建筑规范，以去除对混合功能建设毫无道理的障碍，例如用来满足制造业功能的不适用的防火安全要求。

12.4　独栋公寓住宅
在适宜的区位提供公寓住宅

博福特，南卡罗来纳州：在哈伯沙姆，公寓非常慎重地布局在主要是独栋住宅的邻里中。

　　独栋公寓住宅与传统公寓综合体相比显著不同，它由沿着街道的多栋建筑所组成，而不是置身于一片停车的海洋中。这种布局使得居民参与到邻里中，而不是由于创造了一个社会经济的"单种栽培"而损害物业价值。公寓别墅，作为一个特殊的变异，是一个经过设计使其舒适地坐落在独户住宅之中的类型。它是一个大型住宅的规模，2~3层高，独立占据一块75英尺（约22.9米）宽的地块。它通常每层有两个公寓，分布在一个中央楼梯厅的两侧。还有一个停车场隐藏在建筑后部作为沿街停车的补充。一些后部停车空间可能结合在附属的后部建筑中，其中包括其上部的老人公寓（条目12.10）。后部建筑特别推荐布局在转角地块，在那里它们能从侧面街道上遮蔽住后面的停车场。独栋公寓住宅通常都是面向邻里中心布局，但它们也能和独户住宅相协调。

建筑

12.5 居住／办公建筑

在适宜的区位提供居住／办公建筑

葛底斯堡，马里兰州；在肯特兰，底层带餐馆、商店和办公的居住／办公建筑沿着主街布局。

　　居住／办公建筑，也被称为灵活住宅，是包括工作空间的独户居所。近年来，已经出现了特别为居住和工作的有效结合而设计的大量此类建筑类型的复兴。这其中最流行的就是居住／办公联排住宅，一种共有界墙的建筑，包括了在底层商店上部的一层或者两层居所。这种建筑类型的组织就像常规的联排住宅，但是它的后部车库可以直接连接到工作场所的后面，车库的屋顶可以作为上部居住功能的室外起居空间。这种安排，通过忽略后部花园，满足了所有附加工作场所的停车需求。其他居住／办公建筑类型也包括工作和生活空间混合在一起的阁楼、工作室等。还一种类型是常规住宅，隐藏在临街办公建筑的后面。居住／办公建筑通常朝向邻里中心，在那里可以形成商业建筑和住宅之间的出色过渡。这种建筑类型对于郊区住宅小区更新也很有用，在那里嵌入的一个街头小店可以减少汽车出行，并为周边地区提供一个社会交往场所，否则那里就会成为一个同质性社区。

12 建筑类型

12.6 联排住宅

在适宜的区位提供联排住宅

卡明，佐治亚州：多亏了位于巷道上的停车库，这些位于维克里的联排住宅为向街道提供了一个有吸引力的临街面。

联排住宅也被称作排屋、连栋房屋，是布局在狭窄地块上，相邻住户共有界墙的住宅，通常地块宽度为 16~30 英尺（约 4.9~9.1 米）宽。室内面积取决于建筑层数，可以是 1 至 4 层高。联排住宅在后巷布置一个车库或者车棚。车库可以通过一个狭窄的侧廊和住宅相连，只要后面的花园足够大，能够接收到阳光。这个花园是一个关键的特征：它的两边需要有墙或者篱笆以保证私密。后巷也是必需的，因为前面带车库的联排住宅会毁掉步行生活的任何可能性。联排住宅正面的退线很少，不超过 5~10 英尺（约 1.5~3.1 米），而将空间留给后院。联排住宅有较高的前门廊，其地坪标高可以为主起居层增加私密性，有时还能形成一套地下室公寓。联排住宅通常布局在城市——乡村横断系统的中间地区，在这里它们是非常理想的形成广场的要素。一组联排住宅也可以紧邻一条小街，创造一个居住内院。一个更加紧凑的联排住宅变形是缩进式联排住宅，可以用于更浅进深的地块，直接在一层的后边连接车库。

建筑

12.7 小屋

在适宜的区位提供小屋

圣查尔斯新城，密苏里州：平房庭院提供了一个可支付并且有吸引力的独户家庭生活选择。

小屋有时也被称为平房，是小型的独立住宅，通常坐落于 25~50 英尺（约 7.6~15.2 米）宽的狭窄住宅地块上，它们通常包括 800~1500 平方英尺（约 74.3~139.3 平方米）的生活空间。小屋可以是 2 层高，但通常的设计是一层半，楼上的部分位于屋顶的斜坡内。对空巢家庭而言，一个理想的小屋应当包括一个底层的主卧室。车库或者停车坪应当紧靠后巷，并且可以在其上部包括一套出租或者护理者公寓。后巷是基本的，否则狭窄的地块会不可避免地出现"猪嘴住宅"。侧面退后可以只有 3 英尺（约 0.9 米）那么窄，取决于是否有侧窗以及地方建筑规范。小屋可以群集在整个邻里中的小型袋状地块中。一组小屋可以围绕在一个小型绿地周围，创造了一个可以有益交往的平房庭院。

12.8　大型住宅

在适宜的区位提供大型住宅

科利尔维尔，田纳西州：在木兰花广场，带后部车库的 50 英尺的地块提供了具有吸引力的街道景观。

　　大型住宅是位于较宽地块——通常 45~100 英尺（约 13.7~30.5 米）上的独立建筑物。它们通常有 1500~3000 平方英尺（约 139.4~278.7 平方米）生活空间，有 3 到 5 个卧室。这些住宅可以是 1 至 3 层高，但是通常的设计是完整的两层。它们并不是必须通过后巷来进入，当地块宽度低于 70 英尺（约 21.3 米）以下时，院落布局就变得非常重要了。后面的车库——可能有一个老人公寓在上部，可以是独立的，或者通过一个侧厅或过道来连接。没有后巷的住房应当将其车库从住房正面退后最少 20 英尺（约 6.1 米）（条目 11.10）。侧面退后通常为 5~10 英尺（约 1.5~3.1 米）。大型住宅适宜分布在"横断系统"中城市化特征最低的地区。

建筑

12.9　合院和侧院住宅
在适宜的区位提供区域性建筑类型

皮克路，亚拉巴马州：在"水之社区"，侧院住宅在建筑之间提供了私有的门廊和院落。

　　内院和侧院住宅，是对于特定区域来说很普通的建筑类型，但是它们也可以应用在具有相似气候条件的其他地区。它们都有其室外地区高度私密的优势。合院住宅主要分布在西班牙人在美国西南部所定居的地区。它们的特征是围绕着中央庭院，周围连续布局一圈单房间进深的居住空间。它们可以和街道非常近，一二层的房间向内部的合院集中。合院住宅对炎热干旱气候来说非常理想，在那里室内－室外生活和遮阴是令人期望的，但空气对流不是最重要的。侧院住宅主要分布在东南部的温暖潮湿地区。它们紧贴在它们侧面的一条产权边界，以通长的走廊面对另一个侧院住宅。它们通常两到三层高，面宽只有一个房间。房间向走廊开放，并为相邻地块的侧面花园提供了一面实墙。当走廊朝南或者朝西的时候，它们就非常理想，可以在夏天遮阴，而在冬天接受阳光直射。像这种基于地方气候和文化的区域性住宅类型，应当鼓励其在经过历史检验的地区继续发展。但这样做通常需要改写常规的、那些只能想象郊区式退线的区划图则。

12.10 辅助居所

在适宜的区位提供后院

博福特县，南卡罗来纳州：附属建筑物上部加建的老人公寓，为哈伯沙姆的一栋独户住宅增加了建筑密度和个人可承受能力。

　　前面介绍的几种建筑类型都提到了辅助居所的可能性。车库公寓或者是老人公寓，作为单独的或者是位于车库上方的附属建筑，是布置在主要居所后院的一个居住单元。辅助居所为其所在的独户住宅居住区不太显眼地增加了可支付住宅。它曾经是许多早期社区的必备要素，它们在为扩大的家庭提供居所的同时，也提供了社会经济的多样性。这些社会经济的多样性来自于一种内在的共生支持机制——住在主要居所的房主会经常留心房屋的状况和租户的行为。租金有助于支付主要住宅的贷款，使其更具可支付性。尽管有所有的这些优势，附属居所还是因为常规规范害怕拥挤而被禁止，而这时候真正的挑战就是哪里能够容纳附加的停车。最佳的处理办法是在车库旁边、临近后巷处设置一个有铺装的停车坪。

建筑

在单体建筑的尺度上，精明增长要求的是绿色建筑。绿色建筑在朝向和设计上应优化阳光获得方式，并提供可开启的窗户。它们通过使用浅色材料和景观美化，特别是使用庭荫树来最小化热岛效应。在比较干燥的气候地区，它们采用节水型园艺替代常规草坪以节约用水。它们通过高效率设计和使用可持续建筑材料来保护能源和其他有限的资源。它们鼓励简易的技术进步，使用有单件备货供应的成套商品和简单的构造细节进行维修，并且限制建筑废弃物。最终，绿色建筑确保健康的室内空气质量。建筑构造的 LEED（能源与环境设计先锋）标准是几种成熟的评价绿色建筑的标准之一。

13.1 自然采光与通风
提供浅进深平面和可开启的窗户

剑桥，马萨诸塞州：在健赞公司（Genzyme）的新总部，一个采光内庭院和自然通风窗增加了工作场所的舒适性。

　　许多建筑都设计了过大的平面和永久密闭的窗户。尽管最初的建设成本较低，但这种方法产生了巨大的长期成本。进深大的建筑缺乏足够的自然采光，需要消耗更多的能源进行灯光照明。这些灯光产生了大量的热量，以至于有些建筑需要持续不断地开着空调，即使在冬天也是这样。这些做法在用电高峰期停电时，会威胁到建筑，使其不宜居。它们的需求将会恶化。同时在这栋建筑办公的人员也会感觉和自然的联系被切断，与在有自然采光、通风办公场所的同事相比，工作效率较低，病假天数增加。有人计算这种生产率的损失可以达到20%。许多企业的研究表明，大体量密闭建筑的长期成本远远超出它们短期建设所节约下来的资金，德国的建筑法要求在所有的办公场所都有自然采光和可开启的窗户。

13.2　朝向

在设计建筑时，要心中有阳光

普雷里格罗夫，伊利诺伊州：史密斯住宅包括了一个经过设计可以调节阳光热量获取的南向立面。

今天，大多数建筑在进行设计和布局时很少考虑阳光。南北立面经常细节相近，不考虑方位就确定悬挑和门廊的位置。这种做法浪费了能源、损害了舒适。在设计过程中及早关注方位会在没有增加额外成本的情况下，使建筑更加节能，居住更加愉悦。在不同的气候条件下，建筑与太阳的关系会有所不同，区域中的乡土建筑样式会提供一个指引（条目 14.1）。窗户和悬挑应当按照最优化被动式采暖、制冷和采光来确定尺寸和布局。在北美大部分地区，这就意味着把悬挑设置在南向，由于变化的阳光角，悬挑能够在夏天遮挡阳光，在冬天接纳阳光。应该在炎热气候地区避免黑色的外墙、屋面和铺装。但是朝向的要求不应当允许超过城市设计——社区的健康更多地有赖于可步行的街道而不是能够自我采暖的建筑——但每栋建筑都应该能够以某种方式来响应日照轨迹。

13.3 采暖与照明

按照最小化光和热的影响来设计建筑

芝加哥，伊利诺伊州：在市政厅顶部的一个绿化屋顶减少了雨水和热岛效应。它也降低了制冷成本，并提供了一个有价值的舒适场所。

为了最小化对野生动物、人类和气候的影响，建筑应当限制太阳光热反射和光电污染。局部热岛效应也能够通过多种措施来减少，包括遮阴树木、植物格栅、浅色（高反射率）地面、地下停车场、可透水铺装材料、屋顶花园、高反射/低辐射屋顶材料和绿化屋顶庭院。通过规定不允许直射光束离开场地（特别是向上）的装置，可以减少光污染。北美照明工程协会描述出了一系列适当的照明等级。在对城市——乡村横断系统中每个地区差异化的社会需求保持敏感性的同时，地方建设管理部门应当为这些技术提供激励措施。毕竟，正是大城市主街上的"明亮灯光"诱使吸引着人们离开郊区。

13.4 节能设计

明确可以节能的技术

图森，亚利桑那州：一个冷却塔引导凉风通过亚利桑那大学的科洛尼亚—德拉巴斯宿舍。

建筑的能效可以通过增加合理的先期成本而显著提高。所有建筑产品（包括窗户、门、室内装饰、热水器、照明、空气处理机和其他家用电器）都可进行能效评价。尽管这些设备有时成本很高，但投资会通过较低的能源账单逐步收回。采用超绝热材料建设的墙体和屋顶也是这样的。空调系统通常是最大的单项能源支出，因此规模不能太大，而且应当放在屋顶吊扇、对流通风和沙漠气候地区的冷却塔之后再考虑。即使是带电梯的建筑，也可以通过提供方便的、吸引人的楼梯作为替代选择，来同时促进节约能源和住户健康。当然，如果把建筑布局在长距离通勤的尽端，即使是最高效节能的建筑在总体上也仍有负面的影响。当把交通成本考虑进来，最高效节能的住所通常布局在城市中心并紧邻公交站点。车库中的几辆自行车也可以比能效最高的家用电器节约更多的能源。精心组织的城市生活对于节约能源的意义，已经由"精明增长美国"（一个非政府组织）在一本出版物《更凉的增长：城市发展与气候变化的迹象》中进行了论述。

13.5 可持续的建筑材料
明确节约资源的建造方式

圣莫妮卡，加利福尼亚州：国家资源防卫理事会的总部，被称为"美国最绿色的建筑"。

建筑材料如果具备以下条件，可以认定为是绿色的：

- 在 500 英里（约 800 公里）半径以内生产，使交通运输最小化。
- 回收利用的、循环使用的和 / 或可循环使用的，使废弃物最小化。
- 可再生，以阻止长周期材料的损耗（例如，根据弗雷斯特管理导则所认证的那些）。
- 经久耐用，只有在很远的将来才需要重建或者替代。
- 以最小的能源消耗来生产。
- 避免制造危险的化学品，并且要不含损耗臭氧的氯氟烃和卤化烃气体。

除了木头、砖和石头，通常的可持续材料，包括水泥 / 木纤维合成墙板、纤维质绝热体、叠层梁和粉煤灰混凝土。由于需求的增长，几乎所有的建材都可以找到绿色可替代品。但是除非特别规定，否则它们不会被提供。

13.6 学习型建筑
为调整和维修的方便而设计建筑

安纳波利斯，马里兰州：随着时间的推移，这些联排住宅已经成功地转型为商店和办公室。

　　像所有的产品一样，建筑也应该是可循环使用的。当我们不能通过修补现有建筑来满足我们的需求时，我们就应当创造那种能够以合理的成本得体地改造或者拓展的新建筑。尽管新技术和新产品应当进行检验，但当一座建筑需要装修或者加建一翼的时候，几年后最可能修缮和更换的建筑材料还是采用开放库存中的普通建材。正如斯图尔特·布兰德在《建筑怎样学习》一书中所讨论的，最聪明的建筑是"以恰当的方式耐久并且可变的"。简单的砖石砌筑和木制造型，带有经历了时间检验的细部，与高新技术材料的复杂构造相比，会长期持久并能接受创新和增补。

13.7　场地能源再生
根据建筑的容量收获能源

阿雷斯海滩，佛罗里达州：在这栋房子的白色屋顶最小化热量获得的同时，屋顶上的太阳能板吸收了佛罗里达的阳光。

　　一座建筑产生自己所需能源的能力取决于它的类型、规模、气候和所在城市—乡村横断系统中所处的区位。在高密度建筑中，平均每户的屋顶面积很小，光电板的应用就不如在郊区住宅上更为适宜。太阳能热水系统的空间需求有限但能效较高，即使是在最城市化的区位也是有意义的。尽管地源热泵采暖和制冷系统比较昂贵，但对于多户家庭或者校园设施使用来说，还是比较经济的——并且它没噪声，在住房较密的情况下使用比较有利。大型机构可以通过中央采暖和制冷设施联合发电，来获得显著的能源节约。一系列新的热交换技术可以获得，并循环利用被人类和照明系统所损失的能量。在更大的尺度下，现在非常有必要为未来的风能和太阳能电厂预留一些适合的地区。

13.8 健康建筑
为了拥有好的空气质量来设计建筑

纽约市，纽约州：无毒材料和可开启窗户使得菲尔德斯顿伦理文化学校获得了 LEED 的银质评级。

绿色建筑的另一个重要方面是通过以下方面保证健康的室内环境：

- 规定使用带有低挥发有机化合物的涂料、胶水、内饰和地板产品；
- 规定使用带有低甲醛成分的地毯和柜子；
- 安装密封管材；
- 设计高换气率的通风系统；
- 通过气密地下室墙体防止潮气、氡气和土壤空气进入，并使基础防水；
- 安装一个常设的二氧化碳监测系统。

因为空气质量已经成为办公室职员和购房者越来越关注的问题，响应式设计能够显著提升一座新建筑的市场销售。

13.9 庭院树

保护现状树木，适当种植新树木

庆典城，佛罗里达州：成熟的庭荫树为住宅和邻里增加了社会、美学、环境和经济价值。

树木也许是社区设计中唯一所有人都赞成的要素。环境倡导者赞扬树木、支持野生物种，并认为其能使城市热岛效应最小化。能源专家指出树木能够减少采暖和制冷成本。规划师和社区活动家呼吁人们注意树木对于邻里美化和社会交往的贡献。全国房屋建造商协会证实有成熟树木的住宅地块比没有成熟树木的住宅地块平均销售价格高 20%~30%。因为种植小树的成本很低，所以就没有理由不这样做了。为了达到室内舒适和能源消耗的最佳效果，落叶树木应当被种植在南向和西向，常绿树木最好被种植在北向和 / 或冬季主导风向的上风向。棕榈和其他装饰性的树种并不能替代遮阴树冠——尽管在外观上也许有着同样的吸引力，但遮阴树冠具有明显的气候效果。

13.10　节水型园艺
选择需要更少浇水和养护的植物

圣达菲，新墨西哥州：运用在阿尔迪亚的本土物种是干燥的西南部地区唯一可靠的景观选择。

　　尽管草坪已经成为典型美国家庭形象的一个不可或缺的部分，但它在很多气候条件下是不适宜的。在缺水的地区，对高吸水性和劳动密集型的草皮来说，节水型园艺已经成为一种非常有说服力的选择。节水型园艺指的是本地生长的和适应本地气候条件的植物，通常都抗旱，只需要很少的照料就可以繁茂生长。在节水型园艺中，运用覆盖层保持土壤潮湿，如果必要的话，还可采用滴灌系统替代喷水装置。运用节水型园艺的邻里并不整个除去草皮，而是将草皮限制在操场和公共广场等人们活动真正需要的地方。即使在这些场所，草种的选择也应当差异化地采用需水少的品种，例如在东南部地区采用蜈蚣草，而在西南部地区采用高牛毛草。如果将它的许多优点向购买者解释了，节水型园艺可以更显著增加开发的收益。

13.11　废弃物管理
运用最佳的实践经验来限制建筑废弃物

佛蒙特州正在采用它的《固体废弃物管理规划》来减少建筑废弃物。

　　一座 2000 平方英尺（约 185.8 平方米）的住宅，用常规方法建造的话，会产生 4 吨的建筑废弃物。商业建筑会更加挥霍，即使是修缮也会显著增加垃圾量。采取减量（Reduce）、再利用 (Reuse)、循环使用 (Recycle) 3R建筑废弃物管理方法的建造商会限制产生垃圾、节约能源并减慢资源损耗，他们也乐于看到开发成本的降低。细致周到的设计可以减量（Reduce）材料使用，主要通过创造符合"建材刚好、消除剩余"的标准规模建筑来实现。通过把拆除残留物整合到新建筑，并将未使用的存货捐助给工人和非营利建造商，建筑废弃物可以得到再利用（Reuse）。通过选用木材、干砌墙等非常易于再造的材料，使未来的循环使用（Recycle）成为可能。有的城市政府（例如华盛顿州的国王县）提供了激励措施，使建筑废弃物管理对建造商更加容易、更加经济。

13.12　绿色建筑标准
运用评价系统来保证环境绩效

格林维尔，佛罗里达州：布莱坦邻里的第一栋建筑就是 LEED 银质认证。

　　精明增长运动受益于美国绿色建筑理事会的 LEED 标准。LEED 即 The Leadership in Energy and Environmental Design（能源和环境设计先锋），它已经成为确定一栋建筑环境绩效的主要标准。实际上，它已经成为许多城市政府自己出资的建筑项目的必要条件。甚至在某些地区，成为所有大型建筑项目的必要条件。最近旧金山采用了超过华盛顿特区和洛杉矶的、迄今为止最严格的要求，要求所有高度超过 75 英尺（约 22.9 米）的居住建筑和面积超过 5000 平方英尺（约 464.5 平方米）的商业建筑都必须通过绿色建筑认证。LEED 标准的支配地位令人鼓舞并且非常有用。但是为了保证所有评价系统的持续改进，LEED 应当面对来自其他绿色设计标准的竞争，例如现在已经有的来自南坡研究所和佛罗里达绿色建筑联盟的标准。

建筑

因为地区性的建筑风格是对气候和文化回应而发展起来的，所以最适宜、最生态的建筑都产生于地方建筑传统。继之而来的建筑外观上的一致性也是很有价值的，因为它有助于掩饰当前多样化邻里中所呈现出来的对混合功能和混合收入的潜在反对。对于这样的邻里，为了按照步行环境进行功能优化，损害街景的机械设备应当隐藏在视线之外。应当通过有意识的建筑设计和场地布局来保护住宅的私密性，而不是增加住宅间的距离。那些不经意地导致历史建筑未充分利用和毁坏的标准和政策，应当从地方规范中根除。补贴住宅应当在外观上无法察觉地散布在市场价格住宅中，但是公共建筑在外观上应当从普通的城市肌理中明显地区分开来。

14.1 地区性设计
向地方传统学习建筑设计

沃斯堡,得克萨斯州:伯灵顿—北部圣达菲公司(BNSF,北美最大的铁路货运交通网络)总部的设计结合了区域铁路和地方仓库。

地方建筑的风格充满了关于气候、建造和文化的实用知识。尽管新的建筑不应该模仿它们的历史前辈,设计师们还是应当注意关于材料、色彩、屋面坡度、屋檐长度、窗墙比例以及建筑和场地、街道的显著社会联系等地方性做法。这些实践通常已经发展成为针对地方条件的智能响应。从环境方面来看合理的现代设计通常源于对旧建筑的研究,相当重要的原因是它们使用了就近可得的自然材料。地方建筑传统也彰显了场所的文化遗产,而反对郊区化雷同的潮流。无处不在的郊区蔓延审美潮流是三个正在没落要素的结果:所有建筑材料通过廉价运输的普遍易得性,对机械的气候控制系统的依赖,以及媒体驱动的建筑式样的出现,这种潮流在橙县的豪宅中相当盛行。

14.2　外观的一致性
运用风格上的协调来鼓励社区的多样性

蒙哥马利, 亚拉巴马州: 在汉普斯特德, 一致的建筑语言考虑到零售、办公、住房、餐馆, 甚至一个基督教青年会俱乐部等功能的紧密毗邻。

　　世界上最优美的地方, 尽管每一个都各不相同, 却常常体现出内在的一致性。尽管最佳的城市生活包含了多种类型和规模的建筑, 因此避免了千篇一律的效果, 但这些建筑倾向于采用同样的建筑语言。限制了这些建筑语言的新邻里很可能获得一种令人满意的场所感。但是有一种更有力的原因来鼓励风格上的一致性, 那就是支持实际上的多样性。当需要混合居住和商业功能, 或者整合不同成本的住宅类型时, 一种共同的建筑语言就是掩饰差别、避免抵触的一种有力工具。如果联排住宅街道上的一个街头小店和联排住宅采取同样的外观, 就不会被认为是在不适当的位置。相似的是, 如果可支付的出租房不是泄露了设计差异而引起注意的话, 它们可以很容易地被嵌入到一群大型住宅之间。建筑风格上的协调使功能上的多样性成为了可能。

14.3 有害的要素
避免令人不快的设施损害街道

庆典城，佛罗里达州：一段矮墙减少了空调设备的有害影响。

　　某些当代建筑实践主动地损害了步行友好的街道空间。尽管精明增长并不纠缠所有的细节，但必须注意到那些使步行吸引力下降的细节。这其中包括粗心布置的机械设备、天线、空调机组、变压器和所有类型的应当掩藏起来不被行人看到的计量表。垃圾桶和废品箱也应当被放在不临街的位置。其他对行人有负面影响的要素包括粗糙的界面，例如钢线网眼围栏和未完工的混凝土砌块结构。但是，如果有时经济条件使得必须如此的话，所有的规划都应有第二选址，所有实用的零零碎碎的东西都能在视线以外找到位置。

14.4 居住的私密性

设计提供私密空间的建筑

阿雷斯海滩，佛罗里达州：内庭院为小地块住宅提供了完全私密的户外区域。

　　精明增长的实践提倡了更小的住宅地块，当然这也增加了生活更紧密所带来的烦恼。但如果经过合理的设计，紧凑的住宅可以提供某种程度上优于郊区较大地块住宅的更高标准的私密性。例如，如果一层地面标高提高到人行道以上，较浅的正面退线并不会削弱私密性。最理想的是，直接临近人行道的私有建筑室内和门廊的地坪标高应当至少提高到 18 英寸（约 0.46 米），这种高度的要求随着退线距离的增加而减少，在大概 20 英尺（约 6.1 米）的退线处彻底消失。窗棂是另一种增加私密性的有用工具。如果没有附属建筑的话，后巷和小街的私密性就需要实体的围墙来围合院落。对于通常位于住宅和车库之间的小花园来说，除非是用侧面围墙保护私密性，否则就没有用。较大的地块可以受益于后翼或者"后部建筑"所限定的受遮蔽庭院。最后，降低不是必要的正面的围墙，并通过标识公共和私有空间的门槛、把前院标明为"可防御空间"、鼓励精心呵护的花园来增强街道景观。

14.5 通用设计
设计服务于所有年龄和灵活性人群的社区

芝加哥，伊利诺伊州：在伊利诺理工学院的麦考密克论坛校园中心（库哈斯设计），
楼梯踏步和轮椅坡道巧妙地结合在一起。

通用设计认为我们中的大多数人，在我们生命中的某些时候，会需要在
人行道上或者建筑中使用轮椅或婴儿车。但是在实践中，通用设计会与其他
有价值的目标、特别是历史保护和可支付住宅相冲突。美国残疾人法案的要
求，会导致旧建筑保留但不能使用——或者拆除旧建筑——但新住宅花费巨
大，远超出其居民的承受能力。还有一个更加隐蔽的冲突，就是增加一层地
坪高出室外地面几英尺，以便建筑和人行道很近，但又不会损害住户的隐私
（条目 14.4）。在这些利益竞争中，不可能去选择任何一方，但可以确信地说，
不应当一味追求某方的目标，而排斥其他方的。当美国残疾人法案在建筑尺
度上发挥作用的时候，全寿命社区运动则蕴含着一个城市尺度的附加议程：
保护老年人各得其所的能力。这种机会只存在于混合功能、可步行的社区，
能够允许老年人缩小居住空间而不用搬走，保持独立性而不用必须开车来满
足日常需求。

14.6　历史建筑
对旧建筑修缮免除一揽子技术标准

孟菲斯，田纳西州：奠基石大厦最近的一次修缮，将住宅和商业引入了城市中心。

　　历史保护是精明增长的奠基石，当前的挑战不只是再次重申我们建筑遗产的重要性，而是去积极避免其被送到垃圾堆去。大量当前的技术标准正好导致相反的结果，其中最具有破坏性的就是要求建筑修缮必须遵守最新的建筑规范。许多根据早期建筑法规设计的历史建筑，不能以合理的成本来满足当前的建筑规范，在破旧过程中它们可以继续无限期的居住，但任何改善都会立刻导致违反现有规范。于是房主宁可让其恶化或者拆除，而不是采取彻底亏钱的建筑修缮。这种情况由《新泽西州整治修缮次级规范（New Jersey's Rehabilitation Subcode）》以更加灵活、有效的方式直接解决了。自从 1990 年以来，这项条例使得新泽西州最大的 5 座城市增加了 60% 的修缮项目数量。其他州通过模仿这个条例，可以做得更好。

建筑

14.7　历史学校

替换那些威胁到早期公共学校的政策

克利夫兰，俄亥俄州：尽管有评估认为柯克中学的修缮比重建将会节约数百万美元，但它还是被拆除了。

　　也许美国最大的历史建筑保护危机就是那些有一定历史的邻里学校所面临的危机。它们正在面临被位于郊区边缘的、新的区域性巨大设施所抛弃和取代。通过基于对游戏场、可达性、停车等极端需求的计算，以及在忽视新基础设施和校车通勤成本情况下的修缮成本比较，教育委员会不顾老建筑的历史和社会价值，而选择将其关闭。所有层级的政府，从联邦到地方，必须消除"重新建、轻修缮"的政策偏见，并且必须除去最小建筑密度和使早期学校废弃的其他标准。

14.8　补贴住宅

将可支付住宅和市场价格住宅混合在服务设施附近

波士顿，马萨诸塞州：兰厄姆庭院住房项目提供了混合收入和设施丰富的住宅，无缝衔接到已经士绅化了的波士顿南城。

　　美国补贴住宅的经历，教会了我们三条教训。首先，如果为了避免歧视，可支付住宅看起来和市场价格住宅不应该有什么不同，其建造类型和建筑语言构成应当符合当地中产阶级的理想。其次，补贴住宅不应当大量集聚，因为贫穷的集聚会加剧恶化各种异常状态。相反，它们应当在市场价格住宅中稀疏地分布（每5套中不超过1套）。这条策略有助于避免邻里受损，强化积极行为。这前两条目标被美国住房与城市发展部（HUD）所赞同，HUD的马克·韦斯指出："我们希望公共住房变成《瓦尔多在哪里？》[1]——在城市景观中不可见，交织到更大的都市区的肌理中，与其他类型分不出来差别。"第三，如果补贴住宅只能通过汽车可达并切断了与就业岗位、日常目的地和社会服务的联系，那么补贴住宅就会加重居民的经济压力。如果是要做到真正的可支付，那么住房就必须可步行到达各类服务设施，并有公共交通服务。

---

[1]　译者注：《瓦尔多在哪里？》，是一套西方流行读物，书中的目标就是在一张人山人海的图片中找出一个特定的人物——瓦尔多。

建筑

14.9 公用建筑
引人注目地设计和布局公共建筑

密尔沃基，威斯康星州：城市艺术博物馆的特别区位和设计，反映了密尔沃基对文化的追求。

　　公共建筑应当在形体上展现出人们和其最重视机构的最高志向。它们应当被置于显著的区位，来增强它们在社区中角色的重要性。既然公共建筑代表了集体认同，它们的设计也应当把它们与比较常规的私有建筑分离开来。这种公共和私有建筑的对比是城市社会清晰度的关键。私有建筑构成了城市的基本结构，它们的角色是给作为共享使用场所的街道提供背景。这种结果最好是通过采用不引起过度注意的、柔和和谐的建筑语言而获得。相反，公共建筑应当鼓励适当采取乐于表达的、引人注目的建筑形式。

附录

重要文献

当在某个社区提出精明增长政策或方案时，介绍一些描述原则与做法的清晰的文献会有所帮助。下面附有其中四篇，前面的两篇来源于"精明增长美国"，定义了精明增长以及如何去实现它；后面两篇来源于"新城市主义大会"的《新城市主义宪章》和最近提出的《建筑与城市的准则》。

什么是精明增长？

（来自"精明增长美国"）

我们根据其结果来定义精明增长——那些能够反映大多数美国人基本价值观的结果。精明增长就是有助于实现下列六个目标的增长：

1. ***邻里的宜居性***。任何精明增长规划的中心目标都是我们所居住邻里的质量。它们应当安全、便利、有吸引力，并且任何人都支付得起。蔓延发展模式往往在这些目标面前进行权衡、折衷。有的邻里安全但是不便利，有的便利但是负担不起，更多的是可以负担得起但邻里不安全。审慎的规划有助于将所有这些要素整合在一起。

2. ***更好的可达性，更少的交通量***。蔓延发展模式没落的一个主要原因就是交通。通过把就业岗位、住宅和其他目的地远远分开并且需要一辆汽车来完成每段行程，蔓延发展模式将每天的任务变得极为繁琐。精明增长强调混合用地功能、组团发展，并且提供多种交通方式帮助人们应对拥堵、减少污染、并节约能源。想开车的人可以开车，但是那些不愿意处处都开车或者没有车的人也有其他的选择。

3. ***兴旺的城市、郊区和城镇***。精明增长将现状社区的需求放在第一位。通过将开发引入到已经建成的地区，那些可能投资在新的交通、学校、图书馆和其他公共服务上的钱就可以投入到今天人们所生活的社区了。这对于那些公共服务不足、私人投资水平低的邻里来说特别重要。对于保护那些有吸引力的建筑、历史地区和文化地标来说，也非常关键。

　　4. *共同受益*。蔓延发展模式将太多的人抛在了后面。收入和种族的分化，使得在某些地区繁荣，而其他地区衰退。如果基本需求在某些社区变得越来越少，例如就业、教育和卫生保健等，居民参与区域经济的机会也会逐渐减少。精明增长要使得所有居民都成为繁荣的受益者。

　　5. *更低的成本，更低的税负*。蔓延发展模式花费更多的资金。生态绿地在扩展的新开发意味着新的学校、道路、污水管线和供水干管的成本将要由整个大都市地区的居民所承担。蔓延也意味着家庭必须拥有更多的汽车，驾驶更远的距离。这使得交通成本已经成为了家庭第二高的支出，仅仅低于住所。精明增长有助于减少这前两项支出。利用现状基础设施能够将税收降低。在交通便利的地方，多样化的交通选择使家庭减少对驾车的依赖，省下更多的钱花在其他方面，比如说买一座房子或者为上大学存钱。

　　6. *将开放空间保持开放*。通过在已经建成的地区集中开发，精明增长保护了正在快速消失的自然财富。从森林和农场到湿地和野生动物，精明增长能够让我们所喜爱的景观留传给子孙后代。社区需要布局便利的公园。这些公园可以使更多人在便于到达的范围内进行休憩活动。同时，保护自然资源也能提供更健康的空气和更清洁的饮用水。

怎样实现精明增长?

(来自"精明增长美国")

确定目标很容易，实现它们却总是一个挑战。但是经过多年的一系列各式各样的项目实践，我们正在开始看哪一种方法运行的最好。尽管针对不同的区域和社区类型，技术方法也会有所不同，但这里列出的 10 个工具可以成为一个实用、有效的精明增长规划的基础。这个清单已经被多个政治和商业领袖所采用，包括全国州长联合会。

为了实现精明增长，社区应当：

1. *混合土地功能*。当新的、组团式的开发中包括混合在一起的商店、就业岗位和住宅，就会运行得最好。单一功能的地区使生活不够便利，需要更多开车。

2. *利用现有社区资产*。从地方公园到邻里学校到公交系统，公共投资应当集中在提高我们已经建成地方的效率。

3. *创造一系列住房机会与选择*。不是所有人都想要同样的东西。社区应当提供一系列选择：独栋住宅、共管公寓、面向低收入群体的可支付住宅和"空巢"家庭的老人公寓。

4. *培育可步行的、紧密联系的邻里*。这些场所不仅仅是提供步行机会——人行道是一项必需品——而是步行可以到达的目的地，不管是街头小店、公交站点还是一所学校。一个紧凑的、可步行的邻里有助于提升人们的社区感，因为邻居需要认识彼此，而不仅仅是彼此的汽车。

5. *通过强有力的场所感，包括整治和利用历史建筑，来倡导特色鲜明的、有吸引力的社区*。在任何社区中，都有令每一个场所独特的地方，从火车站到本地商业区，这些都应当保护并彰显。

6. *保护开放空间、农田、自然美景和关键性的环境地区*。人们愿意待在能够与自然相接触的地方，也愿意采取行动保护农场、河道、生态系统和野生动物。

7. *强化和鼓励现状社区的发展*。在我们铲掉更多的森林和农场进行开发之前，应当先在已经建成的地区寻找增长机遇。

8. *提供一系列交通选择*。人们不能离开汽车，除非我们为他们提供了其他方式到他们想要去的地方。更多的社区需要安全、可靠的公共交通、人行道和自行车通道。

9. *使开发决策可预期、公正、经济有效*。希望实施精明增长的开发商所面对的障碍，应当没有实施蔓延发展模式的开发商所面对的更多。其实，社区可以选择为更"精明"的开发商提供激励政策。

10. *鼓励市民和利益相关者参与到开发决策中*。没有强有力的市民参与的规划不会有持久的力量。当人们感觉被遗漏在重要的决策之外，当出现艰难抉择的时候，他们不会进行协助。

新城市主义宪章

1996 年在美国南卡罗莱纳州的查尔斯顿召开了新城市主义大会的第四次年会，会议提出了《新城市主义宪章》，具体内容如下：

新城市主义大会认为中心城市投资停顿、毫无地域特征的蔓延扩张、日益扩大的种族和贫富分化、环境的恶化、农业耕地和荒野地区的不断减少以及对社会建成传统的侵蚀，这些是一个相互关联的社区建筑挑战。

我们支持恢复位于连续大都市区中现有的城市中心和城镇，将蔓延的郊区重新配置组合成为位于多元化地区和真正的邻里中的社区，保护自然环境、保存我们的建成遗产。我们认为针对于空间的解决方案并不能使经济和社会问题得到解决，但是如果没有一个连贯的、能够起支持作用的空间秩序，经济的活跃、社区的稳定以及环境的健康也是不可能保持下去的。

我们倡导重建公共政策和开发实践以支持以下原则：邻里要保持功能和人口的多样化；社区要在考虑小汽车的同时考虑行人和公交；城市和城镇形态应当由形态明确、普遍可达的公共空间与社区机构来塑造；城市场所的结构应当由那些彰显当地历史、气候、生态以及建筑实践的建筑和景观设计来组织。

我们代表着一个有着广泛基础的市民组织，包括公众和私人部门的领导者、社会活动家、多学科的专业人士组成。我们致力于通过公众参与规划和设计的方式，来重建建筑艺术和社区建设的关系。

我们将使我们每个人致力于开拓我们的家、街区、街道、公园、邻里、功能区、城镇、城市、区域和环境。

我们主张用以下原则来指导公共政策、开发实践、城市规划与设计：

区域：大都市区、城市、城镇

1. 大都市区是具有地理边界限定的地区，其地理边界源于地形地貌、分水岭、海岸线、农田、区域性公园和河流流域。大都市区由多个中心所构成，这些中心就是城市、城镇和村庄，其中每一个都有其明确的中心和边界。

2. 大都市区是当今世界的一个基本经济单元，政府协作、公共政策、空间规划以及经济战略都必须反映这个新的现实。

3. 大都市区与其农业腹地和自然景观存在着不可缺少但脆弱的环境、经济和文化联系。农田和自然对于大都市区非常重要，就象花园之于住宅那样。

4. 开发模式不应模糊或消除大都市区的边界，在现有城市地区的填充式开发应当保护其环境资源、经济投资和社会结构，同时也要开垦边缘地区和废弃地。大都市区应当制定战略来鼓励填充式开发，并超过在城市周边地区的扩张。

5. 在适当的地方，毗邻城市边界的新开发应该以邻里和功能区的形式组织起来，并和现有的城市格局整合为一体。不与城市相邻的开发应当以城镇和村庄的形式组织起来，并有各自的边界。它们应当考虑职住平衡进行规划，而不仅仅作为郊外的卧城。

6. 城市和城镇的开发和更新应当尊重历史格局、先例和边界。

7. 城市和城镇应当在较近的距离内，引进广泛的公共和私人功能来支持区域经济发展，使各种收入阶层的居民都受益。可支付住房应当在整个区域范围内配置，以平衡就业机会，并避免贫困的集中化。

8. 区域的空间组织应由交通方式结构所支持。公共交通、步行和自行车系统应最大化整个区域的可达性和机动性，从而减少对机动车的依赖。

9. 税收和资源应当由区域的各个城市政府和各个中心之间协作共享，从而避免对税基的破坏性竞争，并促进交通、休闲、公共服务、住宅和社区机构等各方面的理性协调。

邻里、功能区和交通走廊

1. 邻里、功能区以及交通走廊是大都市区开发和再开发的基本要素。它们形成清晰可辨的地区，从而鼓励市民为它们的维护和演变负起责任。

2. 邻里应是紧凑的、步行友好的、功能混合的。功能区通常强调某一种特定的单一功能，并在可能的情况下，遵循邻里设计的原则。走廊是邻里和功能区的区域连接者，它的类型包括从林荫大道、铁路线到河流、公园路等。

3. 许多日常生活活动应发生在步行范围内，可以为那些不能开车的人，尤其是老人和小孩提供独立性。互相联系的街道网络应以鼓励步行的方式进行设计，减少机动车出行的次数和距离，并节约能源。

4. 在邻里中，多种住宅类型和价格水平可以为各种年龄、种族、收入水平的居民创造互动机会，强化对真正的社区来说必需的个人和公共纽带。

5. 如果能够恰当地进行规划和协调，公交走廊系统可以有助于组织大都市区结构并振兴城镇中心。相反，高速公路走廊的建设不应取代对现有城市中心的投资。

6. 在公交站点的步行范围内应当合理布置适宜的建筑密度和用地功能，使公共交通成为私人汽车的一种可行的替代选择。

7. 市民、社会事业和商业性活动的集聚应当嵌入到邻里和功能区中，而不是孤立在一个遥远的、单一功能的综合体中。学校的规模和选址应当考虑到使学生们都能步行或骑自行车上学。

8. 通过图解式的城市设计图则，对可预见的调整进行指导，可以促进邻里、功能区以及走廊的经济健康与和谐发展。

9. 各种公园，从小型儿童游乐场、乡村绿地到球场、社区花园，应在邻里范围内合理分布。保护区和开敞空间可以用来界定和联系不同的邻里与功能区。

街区、街道与建筑

1. 所有城市建筑和景观设计的一个主要任务，就是限定街道和公共空间，使之成为共享使用的场所。

2. 个体建筑项目应当天衣无缝地融入到它们的周围环境中，这个问题超越了风格。

3. 城市空间的复兴有赖于安全和防范。街道和建筑设计应当加强安全的环境，但不能以牺牲开放性与可达性作为代价。

4. 在当代大都市区，开发应当以尊重步行和公共空间形态的方式，充分容纳小汽车的使用。

5. 街道和广场对于行人来说应该是安全、舒适、有趣的。它们应当被正确配置，以鼓励步行，使邻居相互熟悉，并保护他们的社区。

6. 建筑和景观的设计应当植根于当地的气候、地形、历史以及建造实践。

7. 公共建筑和公共集会场所要求位于重要的地段以加强社区识别性和民主的文化。它们应有独特的形式，因为它们的角色和其他构成城市结构的建筑和场所的角色完全不同。

8. 所有建筑物都应当给居民方位感、气候感和时间感。自然取暖和降温的方法可以比机械系统更节约资源。

9. 保护和更新历史性建筑、地区与景观，能够强化城市社会的延续和演变。

可持续的建筑与城市准则

（新城市主义宪章的配套文章）

全球气候变化和人居环境破坏，由全球性的蔓延居住模式所加速，形成了需要全球来做出反应的严峻挑战。自从新城市主义宪章施行十年以来，这些难题的规模和程度已经成为尖锐的焦点。适时的行动是必要的，也提供了一个史无前例的机遇。

这些环境挑战使得全世界的公平发展变得复杂起来。整体的解决方案必须在解决贫穷、健康和欠发达的同时，关注生态和环境。

同时，交通和建筑部门占据了能源和不可再生资源使用的主要部分，在处理这些难题时，对建成环境进行整体规划和设计是必须的。

精明增长、绿色建筑和新城市主义均已在提高资源和能源效率方面取得进展，但是它们各自单独来看都是不充分的，甚至有时候它们在处理这些挑战时还相互不一致。现在是应当把它们每一个特定的战略进行整合的时候了。

为创造更加可持续的邻里、建筑和区域，《新城市主义宪章》提供了一套有力并持久的原则。对于那些寻求解决我们的城市和城镇对自然界和人居环境影响的政策制定者、规划师、城市设计师和市民来说，这些原则提供了指引。在创造可以成为典范的人性、动人的场所的过程中，同时衔接城市、基础设施、建筑风格、建造技术和历史保护，有意义的改变已经开始实现。

但是环境危机的深刻本质要求《新城市主义宪章》进一步扩充和更细致地充实。通过统一的设计、建造和保护文化来推进真正可持续发展的目标，已经是势在必行。

作为《新城市主义宪章》的补充，需要一套具有操作性的原则，提供以行动为导向的工具，来解决在社区规划、设计和建造过程中最需要改变的急迫需求。这些实践原则应当采取全球化的视野并信息共享。在这些原则的应用中，必须针对地方实际情况进行应对，并应持续展开、逐步改进。

我们建议这些准则作为历经考验的操作性原则，来解决全部土地和所有人居环境的管理：水、食物、住所和能源。它们在所有尺度同时应对城市、基础设施、建筑风格、景观设计、建造实践和资源保护：

通则

1. 人类对于建成环境的干预，倾向于长久存在、并有着长期的影响。因此，设计和融资必须认识到其长期性、持久性而不是短暂性。城市结构和基础设施必须可以重新使用，一方面适应增长和变化，另一方面适应长期使用。

2. 应当认识到通过投资人居环境能带来经济回报，它既会减少未来气候变化所带来的经济影响，也会增加可支付能力。耐心的投资者应当能够在长期产生更大利润的财政机制中获得回报。

3. 真正可持续的设计，必须是根植于对地方性气候、光照、植物、动物、材料和从本地城市、建筑和景观模式所显示出来的人类文化的适应性，并且从其演化而来。

4. 为了提供本地的食物来源，设计必须保留城市化地区与农业地区和自然土地之间的临近关系；保持本地分水岭和一个清洁的、现成可用的水源供应；保护清洁的空气；容许使用本地自然资源的机会；保护自然生境和守护区域的生物多样性。

5. 从全球来看，人居环境必须要看做地球生态系统的一部分。

6. 城市——乡村横断系统为自然、农业和城市的组织提供了一个基本框架。

7. 建筑、邻里、城镇和区域应有利于最大化社会互动、经济和文化活动、精神发展、活力、创造性和时代性，通向高质量的生活和可持续性。

建筑和基础设施

1. 新建筑物设计和旧建筑物适应性再利用的主要目标，就是要通过建造精良、合理、有灵感、深受人们喜爱、质量持久的建筑物，来创造一种持久的文化。场所应当促进我们的自然和人工环境的长期使用和管理。

2. 建筑风格和景观设计源自本地气候、植物、动物、地形、历史、文化、材料和建造实践。

3. 建筑风格的设计应当源自地方的、确立已久的建筑类型。建筑外观应当设计为公共领域的持久部分，但是建筑内部功能布局必须是弹性设计的，以便过些年之后较容易进行调整。

4. 历史建筑、功能区和景观的保护和更新，既会节约能源，也会有助于文化的传承。

5. 个体建筑和综合体应当在任何有可能的地方保存并生产可再生能源，以促进规模经济、减少对昂贵的化石能源和低效的能源配送系统的依赖。

6. 建筑物的设计、功能配置和规模必须减少能源使用，并促进建筑内部垂直和水平的可步行性。能源系统的设计方法应当包括低技术，以及可以和地方气候条件结合较好的被动式技术，使不必要的热损失和热获得最小化。

7. 为降低碳排放量和温室气体的产生，应当使用可再生的能源，例如非食物资源的生物能、太阳能、地热能、风能、氢能燃料电池以及其他无毒无害的资源。

8. 通过凝结降水而获得的水，例如雨水以及在个体建筑内部和周边获得的水，应当就地净化、储存并重新使用，以及任其渗入本地蓄水层。

9. 在建筑中应当最小化水的使用，并通过模仿本地气候、土壤和水文特征的景观策略进行保存。

10. 建筑材料应当是在本地获得的、快速再生的、可回收利用的、可再次回收利用的，并只有较少的内蕴能量。或者，材料应当按照稳定耐用、特别持久、构造合理等条件进行选择，利用其热质量较大的特点来减少能源使用。

11. 建筑材料应当采用没有任何已知负面健康影响的无毒、非致癌材料。

12. 应当鼓励在单体建筑及其地块中，发展所有类型的食物生产，以促进分散化、自给自足，并减少交通对环境的影响。

街道、街坊和网络

1. 街道和整个道路红线内的设计应当按照积极形成公共领域的方式

来进行，以鼓励行人、自行车和机动车共享使用。

2. 为了舒适、安全、可靠的可步行性，街坊和街道的模式应当紧凑，以精心组织的网络模式进行设计。这会通过降低出行时间和出行距离来降低整体的机动车使用。设计应当努力使建筑材料和市政基础设施最小化。

3. 公共领域的积极塑造应集中在通过被动式技术创造热舒适的空间，例如低反射率和通过景观与建筑遮蔽光热，这些技术应当与地方气候条件相一致。

4. 街道、街坊、小地块、景观和建筑形态的设计，均应按照既能降低整体能源使用，又能在公共领域增强生活质量的要求进行配置。

5. 路面材料应当无毒，并能够通过渗滤、滞留、保留等方式将水回收利用。街道是界定公共空间的角色，而绿色街道则整合了可持续的排水系统。它们的设计应当保持建筑临街面的重要性，便于通向人行道和行车道，将路面排水的有利条件和道路的连通性、层级性平衡起来。

6. 为了减少汽车使用，创造更多具有人性尺度的、宜人的公共空间，应当使用各类停车策略来限制停车供给，例如"一次停车"地区，共享停车、停车楼、减少停车需求、最小化地面停车地区和汽车合用等。

邻里、城镇与城市

1. 对于就业岗位、购物场所、学校、娱乐设施、市政公共管理、社会事业机构、住房、食物生产地区和自然空间的平衡，应当在邻里尺度进行，所有这些功能都应当在步行很容易到达或者公交很容易到达的距离内。

2. 在任何可能的地方，新的开发都应当选址在利用不足的、设计简陋的地区或者已经开发过的用地。选址应当在城市中或是临近城市，除非建筑的计划、规模、尺度或者特征都是郊区型的。

3. 应当保护和保留那些主要的、独一无二的农地。在发展很慢或者是逐步衰落的地区，应当鼓励在已经城市化的地区和低效利用的地区发展农业、公园景区和生境修复。

4. 邻里、城镇与城市应当尽可能地集约，采取与现状场所与文化相适应的多种密度，并在促进生气勃勃的混合功能城市地区的同时，严格坚持预计的发展速度和城市增长边界。

5. 应当在邻里、城镇和单体建筑的尺度进行可再生能源的生产，以分散化并减少能源基础设施。

6. 应当再开发棕地，运用净化方法来减少或清除场地的污染物和毒性。

7. 湿地、其他水体和它们的自然流域应当在任何有可能的地方得到保护，那些促进蓄水层补充、防止洪涝灾害的自然系统也应当在任何有可能的地方得到恢复，与从城市到乡村的横断系统相一致，与城市滨水区作为具有特别影响和特征的公共空间的要求相一致。

8. 所有类型的自然场所都应当在易于步行到达或者公交可达的范围内。应当保护现有的公共风景地区和保留地，并应鼓励创建一些新的这类地区。

9. 在邻里中，为多样化的年龄、文化和收入群体提供的多种类型、规模和价格等级的住房，在促进城市和区域集约的同时，也能提供自给自足和社会可持续性。

10. 在比较容易到达距离内的稳定水源和多种地方栽培食物的生产，确定了邻里和／或小城镇的自给自足和整体规模。应当鼓励邻近的郊区农业聚居点保护地方传统食物和饮食文化。

11. 项目应当在保持步行环境安全的情况下，设计减少光污染。噪声污染也应当被最小化。

12. 邻里和城镇的设计应当运用自然地形，并应当进行土方平衡以使得对场地的干扰最小化，避免土方的运入和运出。

区域

1. 应当通过地理或者生物区要素来确定区域的有限边界，例如地质条件、地形特征、流域、海岸线、农田、生物走廊、区域公园和河谷。

2. 区域应当争取在食物、商品、服务、就业、可再生能源和水资源供给等方面自给自足。

3. 区域空间组织在减少对小汽车和大卡车依赖的同时，应当鼓励公共交通、步行、自行车系统，以最大化可达性和机动化。

4. 通过大范围的公共交通系统，就业和居住的空间平衡可以在区域尺度上实现。首先应当组织的就是在公交线路和枢纽周边的开发。

5. 新开发项目的选址应当优先选择已经城市化的土地，如果使用未开发土地，那么额外设计的负担、可证实的生命周期和环境敏感性应当更加严格，与区域的联系也应当是必不可少的。

6. 应当保留、保护敏感的或处于原始状态的森林、本地生境和主要农田，应当保护濒危物种和生态群落，应当鼓励那些能够恢复和重建农业地区和自然生境的项目。

7. 应当保护湿地、其他水体以及它们的自然流域和生态环境。

8. 应当避免在某些容易干扰自然气候系统，并引发热岛、洪水、火灾和飓风的区位进行开发。

214

精明增长机构名录

全国层面机构

Active Living by Design
通过设计积极生活
电话：(919) 843-2523；
网址：activelivingbydesign.org

American Farmland Trust
美国农场信托
电话：(202) 331-7300；
网址：farmland.org

American Planning Association
美国规划协会
电话：(312) 431-9100
网址：planning.org

American Public Transportation
Association
美国公共交通协会
电话：(202) 496-4800
网址：apta.com

Brookings Institute
布鲁金斯研究所
电话：(202) 797-6000
网址：brookings.edu/metro.aspx

Center for Applied Transect Studies
应用横断研究中心
电话：(786) 871-2139
网址：transect.org

Center for Neighborhood Technology
邻里技术中心
电话：(773) 278-4800
网址：cnt.org

Complete Streets
完全街道
电话：(202) 207-3355
网址：completestreets.org

Congress for the New Urbanism
新城市主义大会
电话：(312) 551-7300
网址：cnu.org

Conservation Law Foundation
保护法基金会
电话：(617) 350-0990
网址：clf.org

Environmental Justice Research Center
环境正义研究中心

电话：(404) 880-6911
网址：ejrc.cau.edu

Environmental Law Institute
环境法研究所
电话：(202) 939-3800
网址：eli.org

Environmental Protection Agency，
Smart Growth Division
环境保护局，精明增长部
电话：(202) 272-0167
网址：epa.gov/livability

Form-Based Codes Institute
基于形态的图则研究所
网址：formbasedcodes.org

Friends of the Earth
地球之友
电话：(202) 783-7400
网址：foe.org

Institute for Sustainable Communities
可持续社区研究所
电话：(802) 229-2900
网址：iscvt.org

Lincoln Institute for Land Use Policy
林肯土地利用政策研究所

电话：(617) 661-3016
网址：lincolninst.edu

Livable Community Support Center
宜居社区支持中心
电话：(303) 477-9985
网址：livablecenter.org

Livable Streets Initiative
宜居街道倡导者
电话：(212) 796-4220
网址：thelivablestreets.com

Local Government Commission
地方政府委员会
电话：(916) 448-1198
网址：lgc.org

National Center for Smart Growth
Research and Education
全国精明增长研究与教育中心
电话：(301) 405-6788
网址：smartgrowth.umd.edu

National Center for Walking and Biking
全国步行与骑自行车中心
电话：(973) 378-3137
网址：bikewalk.org

National Charrette Institute
全国社区参与研讨会研究所
电话：(503) 233-8486
网址：charretteinstitute.org

National Low-Income Housing Coalition
国家低收入住房联盟
电话：(202) 662-1530
网址：nlihc.org

National Oceanic and Atmospheric
Administration
国家海洋与大气管理局
电话：(301) 713-2458
网址：noaa.gov

National Resources Defense Council
国家资源防卫理事会
电话：(212) 727-1773
网址：nrdc.org

National Trust for Historic Preservation
国家历史建筑保护信托
电话：(202) 588-6000
网址：preservationnation.org

Project for Public Spaces
公共空间项目
电话：(212) 620-5660
网址：pps.org

Reconnecting America
重联美国
电话：(510) 268-8602
网址：reconnectingamerica.org

Rodale Institute
罗戴尔研究所（1947 年创建的有机
农场先锋）
电话：(610) 683-1400
网址：rodaleinstitute.org

Safe Routes to School
安全上学路线
电话：(919) 962-7412
网址：saferoutesinfo.org

Seaside Institute
滨海城研究所
电话：(850) 231-2421
网址：theseasideinstitute.org

Sierra Club
山峦俱乐部
电话：(415) 977-5500
网址：sierraclub.org

Sonoran Institute
索诺兰研究所
电话：(520) 290-0828
网址：sonoran.org

Smart Growth America
精明增长美国
电话：(202) 207-3355
网址：smartgrowthamerica.org

Urban Land Institute
城市土地研究所
电话：(202) 624-7000
网址：uli.org

Transportation for America
美国交通
(202) 955-5543
网址：t4america.org

WE Campaign
WE 运动（现已更名为"气候现实
项目"）
网址：wecansolveit.org（现已更改
为 http://climaterealityproject.org/ ）

United States Green Building Council
美国绿色建筑理事会
电话：(800) 795-1747
网址：usgbc.org

World Changing
世界改变
网址：worldchanging.com

州及区域层面机构

* 为在多个州运作的机构

亚拉巴马州
Smart Coast
精明岸线
电话：(251) 928-2309
网址：smartcoast.org

阿拉斯加州
Anchorage Citizens Coalition
安克雷奇公民联盟
电话：(907) 274-2624
网址：accalaska.org

加利福尼亚州
Greenbelt Alliance
绿带联盟
电话：(415) 543-6771
网址：greenbelt.org

Land Watch
土地观察
电话：(831) 422-9390
网址：landwatch.org

TransForm
交通形式
电话：(510) 740-3150
网址：transformca.org

Urban Habitat Program
城市人居计划
电话：(510) 839-9510
网址：urbanhabitat.org

科罗拉多州
Environment Colorado
科罗拉多环境
电话：(303) 573-3871
网址：environmentcolorado.org

康涅狄格州
1000 Friends of Connecticut
康涅狄格千位好友
电话：(860) 523-0003
网址：1000friends-ct.org

Regional Plan Association*
区域规划协会 *
电话：(203) 356-0390
网址：rpa.org

哥伦比亚特区
Chesapeake Bay Foundation*
切萨皮克湾基金会 *
电话：(202) 544-2232
网址：cbf.org

Coalition for Smarter Growth*
更精明的增长联盟 *
电话：(202) 244-4408

精明增长机构名录

网址：smartergrowth.net

Congress for the New Urbanism,
Washington, D.C., Chapter
新城市主义大会华盛顿特区分会
网址：cnudc.org

Washington Smart Growth Alliance
华盛顿精明增长联盟
电话：(301) 986-5959
网址：sgalliance.org

佛罗里达州
1000 Friends of Florida
佛罗里达千位好友
电话：(850) 222-6277
网址：1000fof.org

Congress for the New Urbanism,
Florida Regional Chapter
新城市主义大会佛罗里达区域分会
电话：(772) 221-4060
网址：cnuflorida.org

Smart Growth Partnership
精明增长合作伙伴
电话：(954) 614-5666
网址：smartgrowthpartnership.org

佐治亚州
Atlanta Neighborhood Develop-ment

Partnership
亚特兰大邻里发展合作伙伴
电话：(404) 522-2637
网址：andpi.org

Livable Communities Coalition
可居住社区联盟
电话：(404) 214-0081
网址：livablecommunitiescoalition.org

The Georgia Conservancy
佐治亚保护管理委员会
电话：(404) 876-2900
网址：georgiaconservancy.org

PEDS
步行者
电话：(404) 522-3666
网址：peds.org

夏威夷州
Hawaii's Thousand Friends
夏威夷千位好友
电话：(808) 262-0682
网址：hawaiis1000friends.org

爱达荷州
Greater Yellowstone Coalition*
大黄石联盟 *
电话：(406) 586-1593
网址：greateryellowstone.org

附录

Idaho Smart Growth
爱达荷精明增长
电话：(208) 333-8066
网址：idahosmartgrowth.org

Sightline Institute*
视线研究所
电话：(206) 447-1880
网址：sightline.org

伊利诺伊州
Congress for the New Urbanism
Illinois Chapter
新城市主义大会伊利诺伊分会
网址：cnuillinois.org

Metropolitan Planning Council
大都市区规划理事会
电话：(312) 922-5616
网址：metroplanning.org

Openlands Project
开放空间项目
电话：(312) 427-4256
网址：openlands.org

艾奥瓦州
1000 Friends of Iowa
艾奥瓦州千位好友
电话：(515) 288-5364
网址：1000friendsofiowa.org

堪萨斯州
American Land Institute
美国土地研究所
电话：(785) 331-8743
网址：landinstitute.org

肯塔基州
Bluegrass Tomorrow
蓝草明天（蓝草是早熟禾的一种，肯塔基州盛产蓝草，肯塔基乡村音乐名为蓝草音乐）
电话：(859) 277-9614
网址：bluegrasstomorrow.org

Center for Planning Excellence
卓越规划中心
电话：(225) 267-6300
网址：planningexcellence.org

路易斯安那州
Smart Growth for Louisiana
路易斯安那精明增长
电话：(504) 944-4010
网址：smartgrowthla.org

缅因州
Grow Smart Maine
精明成长缅因
电话：(207) 847-9275
网址：growsmartmaine.org

马里兰州

1000 Friends of Maryland
马里兰千位好友
电话：(410) 385-2910
网址：friendsofmd.org

Coalition for Smarter Growth*
更精明的增长联盟 *
电话：(202) 244-4408
网址：smartergrowth.net

Piedmont Environmental Council
山麓地区环境保护理事会 *
电话：(540) 347-2334
网址：http://pecva.org

马萨诸塞州

Congress for the New Urbanism New
England Chapter*
新城市主义大会新英格兰分会
网址：cnunewengland.org

Massachusetts Smart Growth Alliance
马萨诸塞精明增长联盟
电话：(617) 742-9656
网址：ma-smartgrowth.org

密歇根州

Michigan Environmental Council
密歇根环境理事会
电话：(313) 962-3984

网址：mecprotects.org

Michigan Land Use Institute
密歇根土地利用研究所
电话：(231) 941-6584
网址：mlui.org

Michigan Suburbs Alliance
密歇根郊区联盟
电话：(248) 546-2380
网址：michigansuburbsalliance.org

Transportation Riders United
交通乘客联合
电话：(313) 963-8872
网址：detroittransit.org

明尼苏达州

1000 Friends of Minnesota
明尼苏达千位好友
电话：(651) 312-1000
网址：1000fom.org

蒙大拿州

Montana Smart Growth Coalition
蒙大拿精明增长联盟
电话：(406) 587-7331
网址：sonoran.org

新泽西州

New Jersey Future

新泽西未来
电话：(609) 393-0008
网址：njfuture.org

Regional Plan Association*
区域规划协会 *
电话：(609) 228-7080
网址：rpa.org

新墨西哥州
1000 Friends of New Mexico
新墨西哥千位好友
电话：(505) 848-8232
网址：1000friends-nm.org

纽约州
Sustainable Long Island
可持续的长岛
电话：(516) 873-0230
网址：sustainableli.org

Vision Long Island
愿景长岛
电话：(631) 261-0242
网址：visionlongisland.org

Regional Plan Association*
区域规划协会 *
电话：(212) 253-2727
网址：rpa.org

Transportation Alternatives
交通替代
电话：(212) 629-8080
网址：transalt.org

West Harlem Environmental Action
西哈勒姆环境行动
电话：(212) 961-1000
网址：http://weact.org

北卡罗来纳州
North Carolina Smart Growth Alliance
北卡罗来纳精明增长联盟
电话：(919) 928-8700
网址：ncsmartgrowth.org

俄亥俄州
Greater Ohio
大俄亥俄
电话：(614) 258-1713
网址：greaterohio.org

俄勒冈州
1000 Friends of Oregon
俄勒冈千位好友
电话：(503) 497-1000
网址：friends.org

Sightline Institute*
视线研究所 *

电话：(206) 447-1880
网址：sightline.org

宾夕法尼亚州

10000 Friends of Pennsylvania
宾夕法尼亚万位好友
电话：(215) 985-3201
网址：10000friends.org

Pennsylvania Environmental Council
宾夕法尼亚环境理事会
电话：(717) 230-8044
网址：pecpa.org

罗得岛州

Grow Smart Rhode Island
精明成长罗得岛
电话：(401) 273-5711
网址：growsmartri.com

南卡罗来纳州

Coastal Conservation League
海岸保护同盟
电话：(843) 723-8308
网址：coastalconservationleague.org

Upstate Forever
永远上州（指内地、北部、远离大都市区）
电话：(864) 250-0500
网址：upstateforever.org

田纳西州

Cumberland Region Tomorrow
坎伯兰区域的明天
电话：(615) 986-2698
网址：cumberlandregiontomorrow.org

得克萨斯州

Congress for the New Urbanism
North Texas Chapter
新城市主义大会北得克萨斯分会
电话：(817) 259-6653
网址：cnuntx.org

Central Texas Chapter
中得克萨斯分会
电话：(512) 633-7209
网址：centraltexascnu.org

Envision Central Texas
展望中部得克萨斯州
电话：(512) 916-6037
网址：envisioncentraltexas.org

Houston Tomorrow
休斯敦的明天
电话：(713) 523-5757
网址：houstontomorrow.org

犹他州

Envision Utah
展望犹他

电话：(801) 303-1450
网址：envisionutah.org

佛蒙特州
Smart Growth Vermont
精明成长佛蒙特
电话：(802) 864-6310
网址：smartgrowthvermont.org

Vermont Natural Resources Council
佛蒙特自然资源理事会
电话：(802) 223-2328
网址：vnrc.org

弗吉尼亚州
Chesapeake Bay Foundation*
切萨皮克湾基金会 *
电话：(757) 622-1964
网址：cbf.org

Coalition for Smarter Growth*
精明增长联盟 *
电话：(202) 244-4408
网址：smartergrowth.net

Piedmont Environmental Council*
山麓地区环境保护理事会 *
电话：(540) 347-2334
网址：http://pecva.org

华盛顿州
Future Wise
智慧未来
电话：(206) 343-0681
网址：futurewise.org

Sightline Institute*
视线研究所 *
电话：(206) 447-1880
网址：sightline.org

威斯康星州
1000 Friends of Wisconsin
威斯康星千位好友
电话：(608) 259-1000
网址：1kfriends.org

Bicycle Federation of Wisconsin
威斯康星自行车联合会
电话：(414) 271-9685
网址：bfw.org

怀俄明州
Greater Yellowstone Coalition*
大黄石联盟 *
电话：(406) 586-1593
网址：greateryellowstone.org

致谢

当一本书的撰写超过十年，必然要有很多人需要感谢。从早期的概念化过程，到进行中的修订、最后检查、装帧设计到图片选择，一批坚定的精明增长者将会在这本指南上看到他们的努力。他们中的许多人也许不记得他们的参与……那已经是很久之前。但我们一直在记录。

我们感谢他们对这项工作的参与：Peter Allen、Geoff Anderson、Kaid Benfield、Steve Boland、Tom Brennan、Bill Browning、Faith Cable、DeWayne Carver、Patricia Chang、Bruce Chapman、Don Chen、Kenneth Dewey、Bruce Donnelly、Philip Euling、Brian Falk、Doug Farr、Steve Filmanowicz、Will Fleissig、Ray Gindroz、Ellen Greenberg、Eliza Harris、Jane Hone、Alya Husseini、Xavier Iglesias、Jolie Kaytes、Tom Low、Jane Grabowski–Miller、Laurie Milligan、Joe Molinaro、Andrew Moneyheffer、Steve Mouzon、Juan Mullerat、Leslie Pariseau、Kimberly Perette、Chad Perry、Chris Podstawski、Lori Sipes、Natasha Small、Sandy Sorlien、Paul Souza、Mort and Gayle Speck、Effie Stallsmith、Galina Tahchieva、Neil Takemoto、Dhiru Thadani、David Thurman、Harriet Tregoning、Mike Weich、Jeff Wood、Thomas Wright、and Sam Zimbabwe.

特别感谢伊丽莎白·普拉特－齐贝克（Elizabeth Plater–Zyberk）对编辑的建议、感谢 Draught Associates 事务所的 Dave Gibson 所完成的本书设计，以及 Shannon Tracy 在本书内容成熟的漫长过程中，对手稿的反复认真校对。

带着歉意，我们感谢那些对本书作了贡献，但由于种种原因没有被记录下来的人们。

我们也感激许多设计公司，它们提供的作品图片非常全面地阐述了精明增长的 148 个要点。十年前，很少有设计公司能够提供大型精明增长项目的建成案例，现在已经有很多了。但是由于效率的原因，我们转向那些以我们的评估来看，一直在最长的时间做最好的作品的那些公司。那些公司及其各自完成的项目，可以参见下文的图片索引。

我们感谢那些为本书提供图片的公司：Canin Associates、Cooper Robertson and Partners、Dover Kohl and Partners、Duany Plater-Zyberk & Company、Farr Associates、Glatting Jackson Kerchner Anglin、Goody Clancy、Hall Planning and Engineering、Looney Ricks Kiss Architects、Mouzon Design、Moule and Polyzoides Architects and Urbanists、Nelson/Nygaard Consulting Associates、Opticos Design、Reconnecting America、Torti Gallas and Partners、Urban Design Associates、and WRT-Solomon ETC.

图片来源

附录

附录

索引

231

232

233

名，俄勒冈州），条目 8.9

Orlando（Florida），奥兰多（城镇名，佛罗里达州），条目 4.10

Othello Station HOPE VI (Seattle)，奥赛罗站希望六号住房项目（西雅图），条目 4.3

Outbuildings，附属建筑物，条目 12.4，12.8，12.10，14.4

P

Paris（France），巴黎（法国），条目 8.8

parks，公园，条目 4.2，4.3，4.8，4.10，4.11，5.9，6.3，6.4

parking，停车；

    conversion of，停车转化，条目 11.7；

    demand，停车需求，条目 3.11，9.4；

    lots，停车位，条目 2.6，3.5，3.11，7.1，8.5，9.4，9.7，10.6，10.7，11.5–11.8，12.4；

    on-site，on street，本地停车，临街停车，条目 3.14，8.1，8.2，8.5，8.9–8.11，11.4，12.3，12.4；

    requirements，停车需求，条目 8.5，11.1，11.3，11.4；

    structures，停车楼，条目 10.6，11.5，11.7，11.8；

    underground，地下停车，条目 3.1，13.3

Pasadena（California），帕萨迪纳（城镇名，加利福尼亚州），条目 3.1，11.2，12.3

passages，人行小路，条目 7.4，8.13，10.7

paths，人行小径，条目 8.13，9.5，11.6

pedestrian shed，步行范围，条目 2.5，3.1，3.3，6.1，6.6

Philadelphia（Pennsylvania），费城（城镇名，宾夕法尼亚州），条目 2.10

Pike Road（Alabama），匹克路（地名，

亚拉巴马州），条目 4.4，12.9

Piedmont Environmental Council，山麓地区环境理事会，条目 1.9

Peirce, Neil，尼尔·佩尔斯（人名，著名专栏作家），条目 11.1

Perry's Neighborhood Unit Diagram of 1929，1929 年佩里的邻里单元模式，条目 6.1

Plano（Texas），普莱诺（城镇名，得克萨斯州），条目 10.7

porches，门廊，条目 10.3，11.9，12.9，13.2，14.5

Portland（Oregon），波特兰（城镇名，俄勒冈州），条目 1.1，3.3，4.10，7.4，9.3，11.9

Port St. Joe（Florida），圣乔港（地名，佛罗里达州），条目 11.6

Prairie Grove(Illinois)，普雷里格罗夫（城镇名，伊利诺伊州），条目 13.2

product service systems，产品服务系统，条目 3.14

property taxes，物业税，条目 1.10

Providence（Alabama），普罗维登斯（城镇名，亚拉巴马州），条目 7.6

R

rail，轨道，第 15 页，条目 2.7，3.3~3.6，6.6，14.1

rain gardens，雨水庭园，条目 9.3，9.5

recreation，娱乐，条目 1.2，5.1，5.7~5.9

regional plans，区域规划，条目 1.2，1.11，2.1~2.10，4.11，5.9

retail，零售，条目 1.2，1.5，1.10，2.6，3.1，3.7，5.1，5.2，5.4，5.5，5.8，6.1，6.2，6.6，7.5，8.5，8.6，8.13，9.1，9.2，9.4，9.5，9.6，10.3，10.4，10.6~10.8，11.3，11.5，11.8，12.3，14.2

retrofit，翻新，条目 1.6，2.6，6.8，8.5，11.7，12.5

revitalization，复兴，条目 1.6，3.4，5.2，

239

Weiss, Mark，马克·维斯（人名，美国摇滚摄影师），条目 14.8

Wesmont Station（New Jersey），维斯蒙特站（地名，新泽西州），条目 6.8

West Palm Beach（Florida），西棕榈滩（地名，佛罗里达州），条目 8.5

wetlands，湿地，条目 1.4，2.1，4.1，4.8，4.9

Williamsburg (Virginia)，威廉姆斯堡（城镇名，弗吉尼亚州），条目 8.12

Williamson, June，琼·威廉姆斯（人名，纽约城市学院建筑学院助理教授），条目 2.6

Windermere (Florida)，温德米尔（城镇名，佛罗里达州），条目 1.13

WindMark Beach (Florida)，风标沙滩（地名，佛罗里达州），条目 11.6

Wolfe, Tom，汤姆·沃尔夫（人名，作家、记者），条目 12.2

Woodridge (New Jersey)，伍德里奇（城镇名，新泽西州），条目 6.8

Woodbridge (Virginia)，伍德布里奇（城镇名，弗吉尼亚州），条目 8.10

Woonerf，（德语单词，指的是行人和骑自行车比汽车有优先权的道路），条目 9.1

Wyndcrest，韦恩得克雷斯特（城镇名，马里兰州），条目 5.12

X

xeriscape，节水型园艺，条目 4.9，13.10

Y

yield flow，避让流，条目 8.11，9.1

Youngstown（Ohio），杨斯顿（城镇名，俄亥俄州），条目 1.15

Z

Zipcar，合用车公司（美国最大的汽车租赁公司，创建于 2000 年，本书中泛指汽车共享），条目 3.14